天然气工程技术培训丛书

天 然 气 脱 水

《天然气脱水》编写组　编

石 油 工 业 出 版 社

内 容 提 要

本书根据天然气脱水技术现状，阐述了天然气脱水基础知识、天然气脱水方法、天然气脱水设备、天然气脱水自动化控制、天然气脱水装置运行与维护，给出典型故障案例和装置优化改造案例。

本书适合从事天然气脱水的相关人员阅读。

图书在版编目（CIP）数据

天然气脱水／《天然气脱水》编写组编．—北京：石油工业出版社，2017.11

（天然气工程技术培训丛书）

ISBN 978-7-5183-2265-7

Ⅰ．①天…　Ⅱ．①天…　Ⅲ．①天然气-脱水-技术培训-教材　Ⅳ．①TE644

中国版本图书馆 CIP 数据核字（2017）第 282471 号

出版发行：石油工业出版社

（北京市朝阳区安华里 2 区 1 号楼　100011）

网　址：www. petropub. com

编辑部：（010）64243803

图书营销中心：（010）64523633

经　销：全国新华书店

印　刷：北京晨旭印刷厂

2017 年 11 月第 1 版　2017 年 11 月第 1 次印刷

787×1092 毫米　开本：1/16　印张：8

字数：200 千字

定价：30.00 元

（如发现印装质量问题，我社图书营销中心负责调换）

《天然气工程技术培训丛书》
编 委 会

《天然气脱水》编写组

主　编： 甘代福

副主编： 杨永维　苟文安

成　员： 丁　奕　汤　丁　张　庆

韦元亮　于　林　黄静才

黄　杰　谭　红　罗太宇

序

川渝地区是世界上最早开发利用天然气的地区。作为我国天然气工业基地，西南油气田经过近60年的勘探开发实践，在率先建成以天然气为主的千万吨级大气田的基础上，正向着建设 $300\times10^8m^3$ 战略大气区快速迈进。在生产快速发展的同时，油气田也积累了丰富的勘探开发经验，形成了一整套完整的气田开发理论、技术和方法。

随着四川盆地天然气勘探开发的不断深入，低品质、复杂性气藏越来越多，开发技术要求随之越来越高。为了适应新形势、新任务、新要求，油气田针对以往天然气工程技术培训教材零散、不够系统、内容不丰富等问题，在2013年全面启动了《天然气工程技术培训丛书》的编纂工作，旨在以书载道、书以育人，着力提升员工队伍素质，大力推进人才强企战略。

历时3年有余，丛书即将付梓。本套教材具有以下三个特点：

一是系统性。围绕天然气开发全过程，丛书共分9册，其中专业技术类3册，涵盖了气藏、采气、地面“三大工程”；操作技能类6册，包括了天然气增压、脱水、采气仪表、油气水分析化验、油气井测试、管道保护，编纂思路清晰、内容全面系统。

二是专业性。丛书既系统集成了在生产实践中形成的特色技术、典型经验，还择要收录了当今前沿理论、领先标准和最新成果。其中，操作技能类各分册在业内系首次编撰。

三是实用性。按照“由专家制定大纲、按大纲选编丛书、用丛书指导培训”的思路，分专业分岗位组织编纂，侧重于天然气生产现场应用，既有较强的专业理论作指导，又有大量的操作规程、实用案例作支撑，便于员工在学习中理论与实践有机结合、融会贯通。

本套丛书是西南油气田在长期现场生产实践中的技术总结和经验积累，既可作为技术人员、操作员工自学、培训的教科书，也可作为指导一线生产工作的工具书。希望这套丛书可以为技术人员、一线员工提升技术素质和综合技术能力、应对生产现场技术需求提供好的思路和方法。

谨向参与丛书编著与出版的各位专家、技术人员、工作人员致以衷心的感谢！

2017年2月·成都

前言

天然气脱水是天然气净化过程中必不可少的环节，选择合适的脱水技术和工艺是非常必要的。目前国内外油气田普遍应用的传统天然气脱水技术有溶剂吸收法、固体吸附法、低温冷凝法、化学试剂法等，近年来有新型的膜分离脱水技术和超音速脱水技术等。国外天然气脱水应用最多的方法是溶剂吸收法中的甘醇法。国内中国石油天然气股份有限公司内天然气集输系统采用的脱水系统有多种，主要有三甘醇脱水系统、J-T阀低温分离系统、分子筛脱水系统、超音速法脱水系统。

为适应技术、工艺、设备、材料的发展和更新，打造高素质脱水操作人才，增强企业从事脱水工作的操作员工技能、技巧，提高脱水操作员工技术培训和考核的质量水平，丛书编委会组织编著了《天然气工程技术培训丛书》，其中操作类包括《天然气增压》《天然气脱水》《油气井测试》《管道保护》《采气仪表》《油气水分析化验及环境节能监测》。

《天然气脱水》主要根据天然气脱水技术现状编写。本书在编写过程中，力求用通俗易懂的文字、严谨科学的方法来阐述知识概念、理论；理论与实际相结合，详尽阐述集中脱水装置的脱水原理、工艺流程、日常维护操作、装置优化和故障处理，特别列举了典型故障案例和装置优化改造案例。

《天然气脱水》由甘代福任主编，由杨永维、苟文安任副主编。全书内容主要有天然气脱水基础知识、天然气脱水方法、天然气脱水设备、天然气脱水自动化控制、天然气脱水装置运行与维护五章。其中第一章由甘代福、苟文安、谭红编写；第二章由甘代福、杨永维、汤丁、谭红编写；第三章由甘代福、杨永维、丁奕、汤丁、张庆、黄杰、韦元亮编写；第四章由丁奕、于林、黄静才、黄杰、罗太宇编写；第五章由甘代福、杨永维、汤丁、苟文安编写。

《天然气脱水》由阳梓杰主审，参与审查人员有艾天敬、郑周君、韦元亮、魏伟、张举、陈刚、屈彦等。

《天然气脱水》在编写过程中，得到有关领导和许多专家的指导、支持和帮助，在此谨向所有提供指导、支持与帮助的同志表示诚挚的谢意！

由于编写组的知识和能力有限，本书还存在疏漏和不足，敬请读者提出宝贵意见，便于今后不断完善。

《天然气脱水》编写组

2016年12月

目　录

第一章 天然气脱水基础知识

第一节　天然气性质

天然气是一种多组分的混合气体，主要成分是甲烷及少量的乙烷、丙烷、丁烷等，此外一般还含有硫化氢、二氧化碳、氮气和水蒸气以及微量的惰性气体，如氦和氩等，通常从井口采出来的气体还夹杂着泥沙、铁屑等固体杂质。标准状态（20℃和1013.25kPa）下，甲烷至丁烷以气体状态存在，戊烷以上为液态。

一、天然气的密度与相对密度

（一）密度

在一定的压力和温度条件下，单位体积天然气的质量称为密度：

$$\rho_g = \frac{m}{V} \tag{1-1}$$

式中　ρ_g——密度，kg/m^3；

m——质量，kg；

V——体积，m^3。

气体的密度与压力、温度有关，在低温高压下同时与压缩系数 Z 有关。

（二）相对密度

相同压力、温度条件下，天然气密度与空气密度的比值称为相对密度：

$$\gamma_g = \frac{\rho_g}{\rho} \tag{1-2}$$

式中　γ_g——天然气相对密度；

ρ_g——天然气密度，kg/m^3；

ρ——空气的密度，kg/m^3。

二、气体状态方程

气体状态方程描述一定质量的气体压力、绝对温度和气体体积之间的关系。

（一）理想气体状态方程

理想气体状态方程可用下式表示：

$$pV = nRT \tag{1-3}$$

式中 p——气体的绝对压力；

V——气体的体积；

T——气体的绝对温度；

n——在此条件（p、T）下，体积 V 中气体的物质的量；

R——通用气体常数。

（二）真实气体状态方程式

描写真实气体 pVT 关系的公式很多，工程上常用的是在理想气体状态方程式中，引入一个校正系数 Z。Z 被称为气体的压缩系数，它的定义是：

$$Z = \frac{pV}{nRT} \tag{1-4}$$

压缩系数 Z 是一个无因次量，取决于气体的特性、气体的温度和压力。Z 可以用查图法或查表法确定。

（1）查图法。

如图 1-1 所示，压缩系数 Z 可根据气体的压力、相对密度 Δ 和温度 t 三者查出。如果要求管输天然气的压缩系数，则用管道中的平均压力和平均温度。

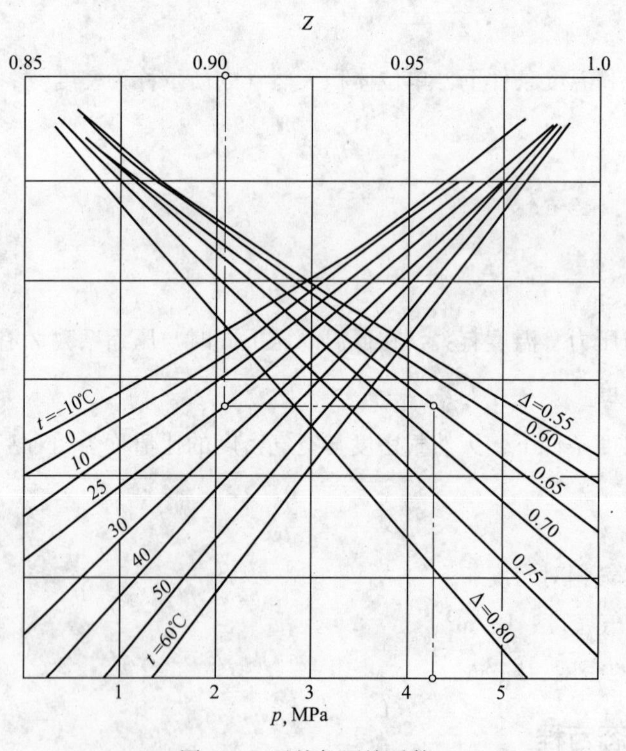

图 1-1 天然气压缩系数

（2）查表法。

根据已算出的天然气对比参数 p_r、T_r，还可以从压缩系数对照表中直接查出相应的压缩系数 Z 的数值。

如果 p_r、T_r 的数据不等于表中给出的数据，用内插法求取。

表 1-1　天然气压缩系数对照表

压力 MPa	温度,℃								
	−20	−10	0	10	20	30	40	50	60
1	1. 1850	1. 1400	1. 0984	1. 0596	1. 0234	0. 9896	0. 9580	0. 9283	0. 9005
2	1. 2040	1. 1580	1. 1158	1. 0764	1. 0396	1. 0053	0. 9732	0. 9430	0. 9147
3	1. 2270	1. 1800	1. 1368	1. 0966	1. 0592	1. 0242	0. 9915	0. 9608	0. 9320
4	1. 2490	1. 2020	1. 1579	1. 1170	1. 0789	1. 0433	1. 0099	0. 9787	0. 9493
5	1. 2720	1. 2239	1. 1791	1. 1374	1. 0986	1. 0623	1. 0284	0. 9965	0. 9666
6	1. 2950	1. 2461	1. 2004	1. 1580	1. 1185	1. 0815	1. 0470	1. 0146	0. 9841
7	1. 3640	1. 3119	1. 2638	1. 2192	1. 1775	1. 1387	1. 1023	1. 0682	1. 0361
8	1. 3890	1. 3360	1. 2871	1. 2416	1. 1992	1. 1596	1. 1226	1. 0878	1. 0551
9	1. 4110	1. 3574	1. 3077	1. 2615	1. 2184	1. 1782	1. 1405	1. 1052	1. 0720
10	1. 4380	1. 3836	1. 3330	1. 2859	1. 2419	1. 2010	1. 1626	1. 1266	1. 0928
11	1. 4600	1. 4049	1. 3535	1. 3056	1. 2610	1. 2194	1. 1805	1. 1439	1. 1096
12	1. 4750	1. 4192	1. 3672	1. 3189	1. 2738	1. 2318	1. 1924	1. 1555	1. 1208
13	1. 4900	1. 4337	1. 3812	1. 3324	1. 2869	1. 2444	1. 2047	1. 1674	1. 1323
14	1. 4980	1. 4415	1. 3887	1. 3397	1. 2939	1. 2512	1. 2112	1. 1737	1. 1385
15	1. 5040	1. 4471	1. 3941	1. 3448	1. 2989	1. 2561	1. 2159	1. 1783	1. 1429
16	1. 5060	1. 4484	1. 3953	1. 3460	1. 3001	1. 2572	1. 2170	1. 1793	1. 1439
17	1. 5090	1. 4515	1. 3983	1. 3489	1. 3029	1. 2599	1. 2196	1. 1819	1. 1464
18	1. 5010	1. 4444	1. 3915	1. 3423	1. 2965	1. 2537	1. 2136	1. 1760	1. 1407
19	1. 4900	1. 4335	1. 3810	1. 3322	1. 2867	1. 2443	1. 2045	1. 1672	1. 1322
20	1. 4800	1. 4242	1. 3721	1. 3236	1. 2784	1. 2362	1. 1967	1. 1596	1. 1248
21	1. 4660	1. 4102	1. 3585	1. 3105	1. 2657	1. 2240	1. 1849	1. 1482	1. 1137
22	1. 4660	1. 3911	1. 3402	1. 2928	1. 2487	1. 2074	1. 1689	1. 1327	1. 0987
23	1. 4320	1. 3774	1. 3269	1. 2801	1. 2363	1. 1955	1. 1573	1. 1215	1. 0878
24	1. 4140	1. 3599	1. 3101	1. 2638	1. 2207	1. 1804	1. 1427	1. 1073	1. 0740
25	1. 3960	1. 3432	1. 2940	1. 2483	1. 2056	1. 1659	1. 1286	1. 0937	1. 0608

采用查图法求 Z，速度快但误差较大，工程计算中这种误差可忽略，所以常用查图法；如果采用查表法求 Z，速度慢一些但准确，在一些精确计算中建议用查表法求 Z。

三、天然气的可燃性和爆炸极限

可燃物和空气中的氧气化合而发光、发热的现象称为燃烧。天然气燃烧时空气量过多、过少都对燃烧不利。空气量过少使燃烧不完全而降低了热值，同时生成一氧化碳等有毒气体，对人体产生毒害；空气量过多，使过剩空气被加热而降低了燃烧温度甚至使火焰熄灭。当甲烷在空气中的含量占空气总体积的 5%～15%时，甲烷与空气的混合物才能稳定燃烧。

燃烧与爆炸是同一性质的化学过程，但在反应强度上爆炸比燃烧激烈。天然气爆炸是在一瞬间产生高压、高温（2000~3000℃）的燃烧过程，体积突然膨胀，同时发生巨大声响，爆炸波速达2000m/s左右，具有很大的破坏力。

天然气与空气以一定比例组成的混合物，在封闭系统中，遇明火就爆炸。可能发生爆炸的最低浓度称为爆炸下限，最高浓度称为爆炸上限。上限和下限之间的浓度范围，称为爆炸极限范围。

实验证明，天然气所处压力、温度越高，爆炸极限范围越大，如表1-2所示。

表1-2　不同压力下甲烷的爆炸极限范围

压力，1.01×10^2kPa	1	10	50	125
爆炸极限范围,%（体积分数）	5~15	5.8~17	5.7~29.5	5.7~45.4

第二节　天然气水合物

天然气水合物是在一定压力和温度下，由天然气中的某些组分和液态水生成的一种不稳定的结构复杂的晶体，从外表看，类似冰和致密的雪，它是由一个分子的烃和几个分子的水组成的。由于水合物生成条件的不同，其结构亦不同。水合物是一种不稳定的化合物，一旦存在条件遭到破坏时，就很快地分解为烃和水。

一、水合物对天然气生产的影响

水合物的形成对天然气的生产将会产生以下危害：

（1）增加输压，减小管线的输气能力，甚至堵塞阀门、管线、仪表等，影响平稳输气，成为严重的安全隐患，甚至被迫停产。

（2）水合物与酸性气体（H_2S、CO_2）形成酸，腐蚀管线和设备，减少管线的使用寿命，严重时还会引起爆管等突发事件，造成天然气大量泄漏和其他安全事故。

二、水合物的生成条件

（一）液态水的存在

液态水是生成水合物的必要条件。天然气中液态水的来源有油气层内的地层水（底水、边水）和地层条件下天然气的饱和水，饱和水在天然气生产过程中节流降压时凝析成液态水。

（二）低温

低温是生成水合物的重要条件。采气中，天然气从井底流到井口，经过节流阀、孔板等节流件时，会因为压力下降而引起温度下降。由于温度下降，会使天然气中呈气态的水蒸气凝析。当天然气的温度低于天然气中水蒸气露点时，就为水合物生成创造了条件。

（三）高压

高压也是形成水合物的重要条件。对组成相同的气体，水合物生成的温度（即水蒸气露点的温度）随压力升高而升高，随压力降低而降低，也就是压力越高越易生成水合物。

（四）流动条件的突变

高流速、压力波动、气流方向改变时结晶核存在（如杂质）引起的搅动是生成水合物的辅助条件，在阀门、弯头、异径管、节流装置等产生局部阻力的地方，易形成水合物。

三、水合物的预防方法

预防水合物生成的方法很多，提高天然气温度、加注防冻剂、干燥气体等都可防止水合物的生成。

（一）提高节流前的天然气温度

提高节流前的天然气温度，使天然气在节流后的温度高于生成水合物的温度，从而防止在节流后生成水合物。

采用加热法对天然气加热，常采用的加热设备有蒸汽加热、水套炉加热、电热带加热等。

（二）注入防冻剂

在节流前注入防冻剂，可降低天然气中水蒸气的露点，从而使天然气在较低的温度下不易生成水合物。防冻剂的种类较多，有甲醇、乙二醇、二甘醇、三甘醇、氯化钙水溶液等。采气中使用最多的是乙二醇。

防冻剂注入方法一般有自流注入（低压）和泵注入法（高压连续），但泵注至雾状效果最好。

（三）干燥气体

对天然气进行脱水，即用脱水剂将天然气中部分水汽吸附出来带走，从而降低天然气中水汽的含量。

四、水合物的解堵措施

当水合物形成影响正常的生产时，常用的解堵措施有以下几种。

（一）降压解堵法

通过放空天然气，降低管线压力，使生成的水合物分解。

管线温度低于0℃时，不宜采用降压法解除冰堵，因为水合物分解后形成的水会再次引起冰堵，应在降压的同时注入防冻剂。

（二）注防冻剂法

在支管、压力表短节、放空管等处注入防冻剂，使生成的水合物分解。

（三）加热法

将气流温度升高到水合物形成温度以上，使已生成的水合物分解。经验而言，水合物与金属的接触面温度升到30~40℃就足以使已生成的水合物迅速分解。

当管线开始发生水合物冰堵时，应立即采取措施，一旦管线被天然气水合物完全冰堵，可先采用放空降压解堵。解堵过程中，一旦管线内有气体通过，就可以同时采用提高天然气温度和注防冻剂的方法，加速水合物的分解。

第三节　国内外常用脱水方法

天然气脱水的实质就是使天然气从水饱和状态变为不被水饱和状态。传统的天然气脱水方法有多种，按照其原理可以分为溶剂吸收法、固体吸附法、低温分离法和化学反应法等，其中化学反应法的工业应用极少，而溶剂吸收法和固体吸附法应用极为广泛。随着科学技术的不断发展和提高，在传统的天然气脱水方法得到改进和完善的同时，也出现了新的更具有工业竞争力的脱水技术，如膜分离脱水和超音速脱水技术。

一、甘醇吸收法脱水

由于醇类化合物具有很强的吸水性，因此用作吸收剂的物质多为相对分子质量高的醇类，如乙二醇、二甘醇（DEG）和三甘醇（TEG）。最先用于天然气脱水吸收剂的是二甘醇，但后来发现三甘醇的热稳定性更好，且易于再生，蒸气压低，携带损失量更小，在相同质量浓度的甘醇条件下TEG能获得更大的露点降。基于上述优点它取代二甘醇成为最主要的脱水溶剂。据统计，在美国投入使用的溶剂吸收法中，三甘醇吸收剂占85%。

常见的三甘醇脱水系统主要包括分离器、吸收塔和三甘醇再生系统，应用了吸收、分离、气液接触、传质、传热及汽提等工艺原理，露点降可以达到33~47℃。另外，工业实践证明，降低出塔干气露点的主要途径是提高贫TEG溶液的浓度和降低原料气温度，但由于后者很难在工业装置上实现，因此提高TEG浓度成为提高露点降的关键因素。在TEG浓度固定时，吸收塔板数越多和循环量越大也是降低露点降的实际措施，但工业上塔板数一般不超过10块，循环量最高不应超过33L/kg（水）。TEG价格较贵，应尽可能降低其损失量。工业上一般采取合理选择操作参数、改善分离效果、保持溶液清洁、安装除沫网和加注消泡剂等有效措施降低TEG的损失量。

三甘醇脱水目前面临的主要问题有三甘醇溶剂脱水醇耗大，存在损失、被污染、设备老化腐蚀、后期处理量不足等。以上原因造成三甘醇脱水法投资和运行维护成本较高。

二、固体吸附法脱水

吸附法是用多孔性的固体吸附剂处理气体混合物，使其中所含的一种或数种组分吸附于固体表面上以达到分离的效果。固体吸附法的工作原理根据机理不同而分为两种，即物理吸附和化学吸附。物理吸附是指固体表面上原子价已饱和，表面分子和吸附物之间的作用力是分子之间引力（即范德华力）；而化学吸附则指固体表面原子价未饱和，与吸附物之间有电子转移，并形成化学键。物理吸附过程是可逆的，吸附和脱附可通过调节温度和压力改变平衡方向实现，而化学吸附则不可逆，吸附剂不能再生。因此，用于天然气脱水的吸附过程多为物理吸附。

目前，工业上常用的固体吸附剂有硅胶、活性氧化铝、分子筛三种。而分子筛相比其他两种吸附剂具有更多的优点，如吸附性选择性强，具有高效吸附容量，且使用寿命长，并不易被液态水破坏，因而得到了广泛应用。分子筛脱水系统一般包括2个或3个处于脱水、再生和吹冷状态的干燥器，以及再生气加热系统。故分子筛脱水主要问题为设备投资和操作费用比较高，分子筛再生能耗大，而且天然气中的重烃、H_2S和CO_2等会使固体吸附剂污染。

虽然溶剂吸收法适合大流量高压天然气脱水，但其脱水深度有限，露点降一般不超过45℃；尽管固体吸附法在天然气工业上的应用没有TEG溶剂吸收法广泛，但在露点降要求超过44℃时就应该考虑采用固体吸附方法。

三、低温分离法脱水

低温分离法的原理是利用天然气饱和含水汽量随温度降低、压力升高而减小的特点，将被水汽饱和的天然气冷却降温或先增压再降温的方法脱水。冷却方法包括直接冷却法、加压冷却法、节流膨胀制冷和机械制冷等方法。低温分离法具有流程简单的优点，特别适合用于高压气体。该方法是国内气田中除三甘醇法外应用较多的天然气脱水方法，重庆气矿相国寺储气库目前采用冷冻分离方法脱水。对于要求深度脱水的气体，低温分离法一般作为辅助脱水措施将天然气中大部分水分先行脱除，然后再用其他方法进一步脱水，我国陆上油田气的脱水方法均采用这样的做法。但当天然气压力不足时，使用低温分离法脱水达不到管输要求，而增压或外部引入冷源不经济时，则必须采用其他脱水方法。低温分离法目前的主要问题为耗能高、水露点高等。

四、膜分离脱水

膜分离技术的原理实际上是利用物质通过半透膜的可释性机理，其过程表现为混合物中各组分在压力差或浓度差等条件下通过界面膜进行传质，利用各组分在膜中不同的优先或选择渗透性实现组分分离。天然气膜分离脱水技术就是利用特殊设计和制备的膜材料对天然气中酸性组分（如HO_2、CO_2和H_2S）的优先选择渗透进行脱除，如醋酸纤维膜对水汽的渗透流速比甲烷要大500倍左右，非常适合用于从天然气中脱除水分。

最先在工业上成功利用膜分离技术分离气体的是Mosaton公司，该公司于1979年研制出用于分离CO_2的PRISM膜分离器，分离效果较好。20世纪80年代，国外开始研究用膜分离技术进行天然气脱水处理，截至目前该技术在工业中的应用主要集中在美国、加拿大和日本等国。我国对天然气膜分离脱水技术的研发始于20世纪90年代，中科院大连化学物理所和中科院长春应用化学所等单位对该技术进行了系统研究，并取得了很大的进展。其中中科院大连物理研究所于1994年研制出了中空纤维膜脱水装置，并将该装置在长庆气田进行了脱水试验，并进一步开发出了天然气膜分离技术脱水工业试验装置，进行了现场试验，采用复合膜结构，膜组件构造是中空纤维式。试验结果表明：在压力为4.6MPa时，净化天然气水露点达到-13~-8℃，甲烷回收率不低于98%。

膜分离脱水技术虽然因其众多优点具有非常大的应用潜力，但如要广泛的工业应用仍需解决一些目前面临的问题，这些问题主要包括烃损失问题、膜的塑化和溶胀性问题、浓差极化问题和一次性投资较大问题。另外，膜材料也是发展膜分离技术的关键问题之一，理想的膜材料应具有高透气性、良好的透气选择性、高强度、良好的热稳定性、化学稳定性和较好的成膜加工性能。目前无机膜材料主要有无机致密膜和微孔膜两大类，有机膜有纤维素类、聚酰胺类和改性膜材料。为了减少产品气损失，选择和开发承压能力更高、稳定性更好和选择性更高的膜材料已成为膜分离技术开发和研究的热点。鉴于上述问题，膜分离技术仍需加强基础研究，开发和研制高性能的分离膜材料；另一方面，应当将膜分离技术和其他处理技术相结合，利用各技术特有的优势，从而实现最优的工艺组合和最低的经济投资，为膜分离技术在天然气行业中的应用开拓更大的空间。

五、超音速脱水

天然气超音速脱水技术按照其原理属于传统方法中的冷冻分离法，该技术的发展基于航天技术的空气动力学应用成果。它的核心部件为超音速分离器，它利用拉瓦尔喷管使天然气在自身压力作用下加速到超音速，此时天然气温度和压力会急剧降低，天然气中的水蒸气将冷凝成小液滴，利用气流旋转将这些小液滴分离，并对干气进行再压缩。天然气超音速脱水系统将膨胀机、分离器和压缩机的功能集中到一个管道中，不仅简化了脱水系统也提高了系统的可靠性，使得该技术具有效率高、能耗低、体积小、运行成本低、环保、安全可靠和经济效益高等优点，克服了传统脱水技术的诸多缺点，被认为是天然气脱水领域的一项技术革命。天然气超音速脱水技术由壳牌石油公司于1997年开始研究，并通过一系列研究验证了该技术长期稳定的工作能力，并于1999年和2000年先后进行了现场试验和在马来西亚进行了第一套商业产品运行，取得了较好的效果。近年来，俄罗斯ENGO属下的Translang公司针对超音速分离技术进行了大力研究，并于2004年9月在西伯利亚成功投运了2台超音速分离装置，年处理量超过$4\times10^8m^3$，该系统至今运行良好。国内对超音速脱水技术的研究较少，胜利油田胜利工程设计咨询有限公司通过多年攻关，成功开展了室内超音速脱水实验和现场试验，研制出了天然气超音速脱水装置，并建立了国内第一个涡流气体净化分离装置实验台，完成了室内实验和现场中试。另外，北京工业大学刘中良教授在借鉴国际先进技术的基础上，与胜利油田合作，对基于井口余压的高效超音速分离管技术进行了系统研发，并形成了具有自主知识产权的新型高效超音速天然气脱水净化技术。试验表明，利用该技术可以非常有效地脱除天然气中的水分和重烃，脱水净化效果达到国际先进水平。

作为近年来出现的一种新型的天然气脱水处理技术，超音速脱水技术目前存在应用经验不足并具有一定的局限性问题。在工业应用方面，国外一些企业对其进行了试点应用，而国内的应用很少。与传统脱水技术相比，它是一种典型的节能环保新型天然气脱水技术，具有不可比拟的优点和市场实际应用前景。因此，应当加大对其研究开发力度，尽早实现该技术在我国的工业实际应用；该技术的推广必将显著降低天然气脱水行业的工程投资和生产运行成本。

现阶段天然气脱水技术比较多，选择合适的脱水技术和工艺，应结合脱水的目的、要求、处理规模和各技术的特点进行经济和技术对比最终确定。目前，运用较多的主要有吸收法脱水、吸附法脱水和低温分离法脱水三种脱水工艺。

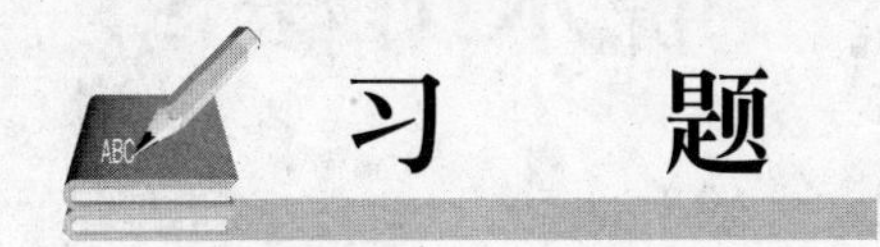

习　题

一、名词解释

1. 天然气相对密度
2. 天然气水合物
3. 爆炸极限范围
4. 低温分离法脱水

二、简答题

1. 天然气水合物形成条件及预防方法有哪些?
2. 天然气脱水的目的是什么?
3. 固体吸附法的原理是什么?
4. 甘醇吸收法脱水面临的问题主要有哪些?

第二章 天然气脱水方法

第一节　吸收法脱水

吸收法脱水是目前天然气工业中使用较为普遍的脱水方法。在油气田的天然气技术工艺中，为保证管输天然气在输气过程中不形成水合物，而需对气体脱水时，广泛采用甘醇吸收法脱水，甘醇吸收法脱水是目前广泛使用的天然气脱水工艺。

一、甘醇的物理性质和脱水原理

甘醇是直链的二元醇，其通用化学式是 $C_nH_{2n}(OH)_2$。二甘醇（DEG）和三甘醇（TEG）的分子结构如下：

$$\begin{array}{l} CH_2—CH_2—OH \\ | \\ CH_2—CH_2—OH \end{array}$$

二甘醇

$$\begin{array}{l} CH_2—O—CH_2—CH_2—OH \\ | \\ CH_2—O—CH_2—CH_2—OH \end{array}$$

三甘醇

甘醇可以与水完全溶解。从分子结构看，每个甘醇分子中都有两个羟基（OH）。羟基在结构上与水相似，可以形成氢键，氢键的特点是能和电负性较大的原子相连，包括同一分子或另一分子中电负性较大的原子。这是甘醇与水能够完全互溶的根本原因。

这样，甘醇水溶液就可将天然气中的水蒸气萃取出来形成甘醇稀溶液，使天然气中水蒸气量大幅下降。

甘醇的物理性质见表 2-1。一般说来，用作天然气脱水吸收剂的物质应对天然气有高的脱水深度，对化学反应和热作用稳定，容易再生，蒸气压低，黏度小，对天然气和烃类液体的溶解度小，对设备无腐蚀等，同时还应价廉易得。甘醇通常都能把天然气脱水至不饱和状态。在初期，甘醇法大多使用二甘醇（DEG），由于其再生温度的限制，其贫液浓度一般为 95%左右，露点降 25~30℃。由于三甘醇再生贫液浓度可达 98%~99%，露点降通常为 33~47℃甚至更高，因而三甘醇替代二甘醇作为吸收剂。三甘醇的优点是：

（1）沸点较高（287.4℃），比二甘醇约高 30℃，可在较高的温度下再生，贫液浓度可达 98%~99%以上，因而露点降比二甘醇多 8~22℃。

（2）蒸气压较低，27℃时，仅为二甘醇的 20%，因而携带损失小。

（3）热力学性质稳定，理论热分解温度（206.7℃）约比二甘醇高 40℃。

（4）脱水操作费用比二甘醇法低。

表 2-1 甘醇的物理性质

性质	二甘醇	三甘醇
分子式	$(CH_2CH_2OH)_2$	$HO(C_2H_4O)_2C_2H_4OH$
相对分子质量	106.1	150.2
冰点,℃	-8.3	-7.2
闪点（开口),℃	143.3	165.6
沸点（760mmHg 柱),℃	245.0	287.4
相对密度	1.1184	1.1254
折光指数	1.4472	1.4459
与水的溶解度（20℃）	完全互溶	完全互溶
绝对黏度（20℃），mPa·s	35.7	47.8
汽化热（760mmHg 柱），J/g	347.5	416.2
比热容，kJ/（kg·℃）	2.3065	2.198
理论热分解温度,℃	164.4	206.7
实际使用再生温度,℃	148.9~162.8	176.7~196.1

二、三甘醇脱水工艺流程

三甘醇 TEG 脱水工艺主要由甘醇吸收和甘醇再生两部分组成。图 2-1 是三甘醇脱水工艺的典型流程。含水天然气（湿气）经原料气分离器除去气体中的游离水和固体杂质，然后进入吸收塔。在吸收塔内原料气自下而上流经各层塔板，与自塔顶向下流动的贫甘醇液逆流接触，天然气中的水被吸收，变成干气从塔顶流出。

三甘醇溶液吸收天然气中的水后，变成富液自塔底流出，与再生后的三甘醇贫液在换热器中经热交换后，再经闪蒸、过滤后进入再生塔再生。再生后的三甘醇贫液经冷却后流入储罐供循环使用。

三、PROPAK 公司脱水流程

三甘醇脱水工艺在国内主要的气田如四川、长庆等应用极为广泛，较为常见的有：引进的加拿大 PROPAK（普帕克）、MALONEY（马隆尼）、美国 EXPRO 以及国产脱水装置，处理规模从 $10\times10^4m^3/d$ 到 $200\times10^4m^3/d$ 都有。下面以 PAOPAK 公司脱水装置为例简单介绍脱水装置的工艺流程，其他装置流程基本相同。

整个脱水装置工艺流程可以分为天然气脱水系统、三甘醇循环再生系统、仪表风系统、燃料气系统和冷却系统。

（一）天然气脱水系统流程

湿天然气通过过滤分离器（原料气分离器），除去液态烃和固态的杂质后，进入吸收塔的底部。在吸收塔内自下往上通过充满三甘醇的填料段或一系列的泡罩与三甘醇充分接触，被三甘醇脱去水分后，在经过吸收塔内顶部的捕雾网将夹带的液体拦下。脱水后的干气离开吸收塔，经干气/贫液热交换器（换热器）后进入集输气干线。

天然气脱水系统包括：原料气分离器（除去天然气中液、固体杂质），吸收塔（与贫甘醇逆流接触脱水），干气/甘醇热交换器以及调压计量等装置。

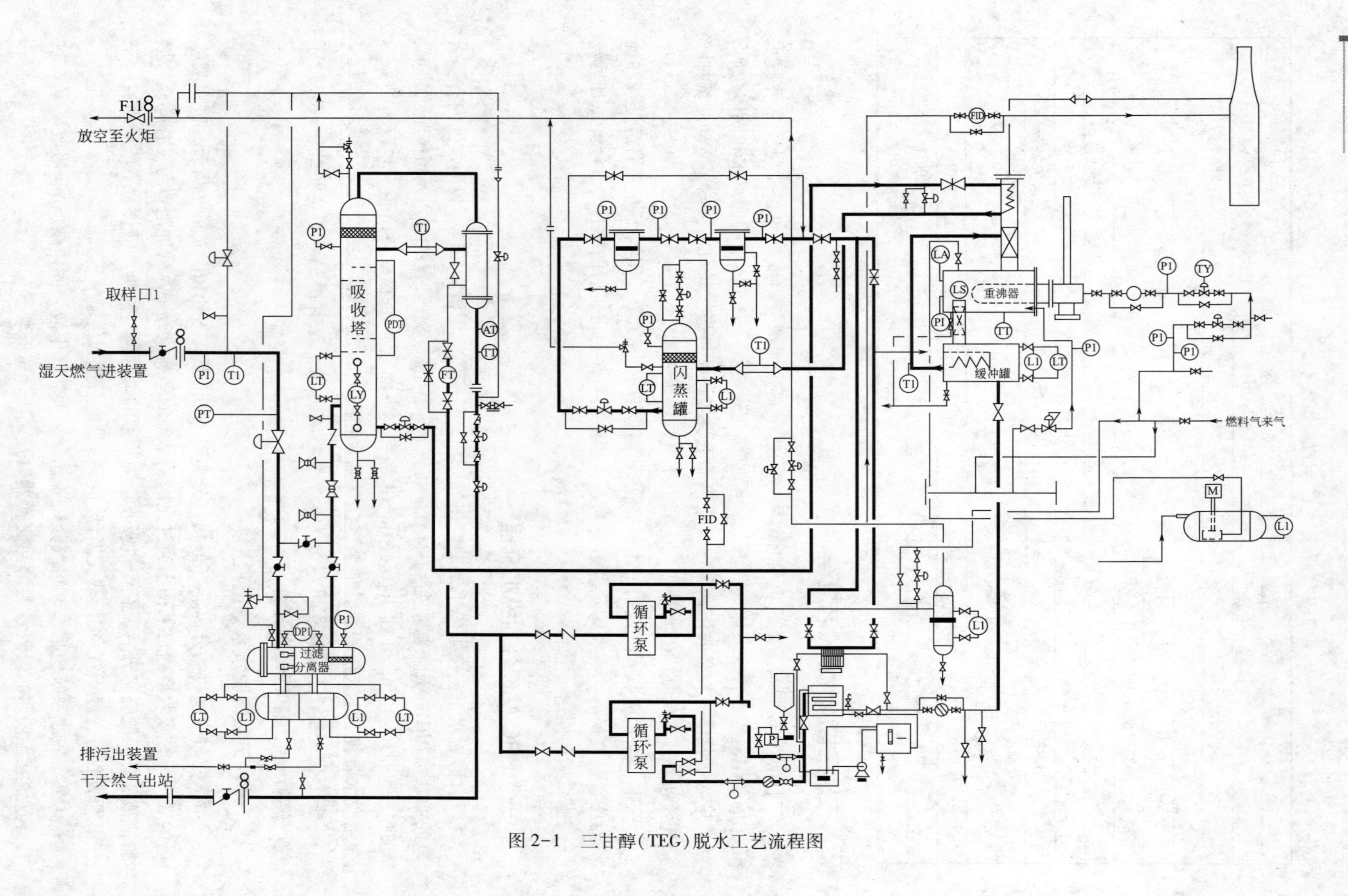

图 2-1　三甘醇（TEG）脱水工艺流程图

（二）三甘醇循环再生系统流程

贫甘醇不断被循环泵泵入吸收塔顶部，在塔内自上而下依次流过每一个塔板或填料段，吸收自下而上流动的天然气中的水分后变为富甘醇从吸收塔底排出。

对于采用能量泵（如 KIMARY 循环泵等）作为三甘醇循环泵的脱水装置，此时的流程为：从吸收塔流出的高压富甘醇流经循环泵与低压贫甘醇交换能量后，进入甘醇闪蒸罐闪蒸出甘醇内溶解的气态烃类后，进入三甘醇过滤器。对于采用电动泵（如 UNION 泵）作为三甘醇循环泵的脱水装置的流程为：三甘醇经过吸收塔液位调节阀，进入闪蒸罐闪蒸出甘醇内溶解的气态烃类后，进入三甘醇过滤器。

三甘醇经过滤器（机械和活性炭过滤器），除去三甘醇中固体和溶解性的杂质后进入缓冲罐（器）内，换热后进入精馏柱中部，流入重沸器内进行再生。

重沸器内产生的过热蒸汽，将通过精馏柱中填料层向下流动的经换热达到 107℃的富甘醇进行再次预热，并带走水蒸气，上升蒸汽夹带的三甘醇在精馏柱顶部回流段冷凝后重新进入重沸器，未被冷凝的蒸汽则由精馏柱顶部的管线进入灼烧炉被烧掉，避免污染环境。

再生的三甘醇贫液经过重沸器内的溢流堰板（挡板）进入缓冲罐（器），然后通过甘醇循环泵进入吸收塔，开始新的循环过程。

三甘醇循环再生系统包括：吸收塔、三甘醇循环泵、闪蒸罐、过滤器（机械和活性炭）、板式换热器、重沸器、精馏柱、缓冲罐等装置。

三甘醇脱水工艺中，其吸收部分大致相同，不同的是三甘醇的再生部分。一直以来三甘醇脱水工艺的改进均以提高三甘醇贫液浓度、增大露点降为目的。提高三甘醇贫液浓度的方法主要有以下三种：

（1）气体汽提。气体汽提是将甘醇溶液同热的汽提气接触，以降低溶液表面的水蒸气分压，使甘醇溶液得以提浓到 99.95%（质量分数）。此法是目前三甘醇脱水工艺中应用较多的再生方法。

（2）减压再生。减压再生是降低再生塔的操作压力，以提高三甘醇溶液的浓度。此法可将三甘醇提浓至 98.5%（质量分数）以上。但减压系统比较复杂，限制了该法的应用。

（3）共沸再生。该法采用共沸剂与三甘醇溶液中的残留水，形成低沸点共沸物汽化，从再生塔顶流出，经冷凝冷却后，进入共沸物分离器分离，除去水后共沸剂再用泵打回重沸器。共沸剂应具有不溶于水和三甘醇、与水能形成低沸点共沸物、无毒、蒸发损失小等性质，最常用的是异辛烷。

该法可将三甘醇溶液提浓至 99.99%（质量分数），干气露点可低达−73℃，共沸剂在闭路中循环，损失小，无大气污染，和汽提再生比较，节省了有用的汽提气。

（三）仪表风系统流程

空气经过空压机压缩后形成湿热的压缩空气，湿热的压缩空气首先经压缩空气油水分离器分离出液态水，再经压缩空气高效除油器除去压缩空气从空压机带过来的油污。压缩空气经两级分离后再进入冷干机，使压缩空气中的水蒸气凝结出来，然后进入气液分离器中分离。分离后的压缩空气储存在仪表风罐中，最后通过仪表风罐的出气管线将仪表风输送至各个气动阀门（图 2-2）。

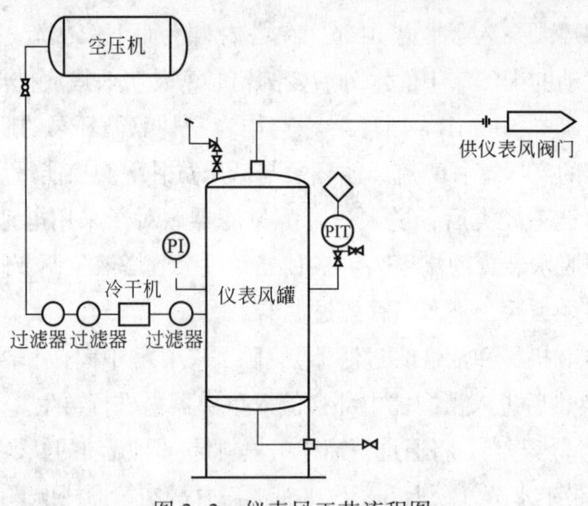

图 2-2　仪表风工艺流程图

脱水装置的仪表风压力一般设置在 0.3~0.7MPa，当低于 0.3MPa 时空压机自动启动，为仪表风补充压力；高于 0.7MPa 后空压机自动停止压缩。

(四) 燃料气系统流程

脱水装置燃料气系统是三级调压系统（部分装置是二级调压）。燃料气首先经一级调压系统调压至 1~3MPa 进入脱水装置，再经二级调压至 0.4MPa，一部分作为闪蒸罐压力补充气源，一部分经三级调压后作为重沸器、灼烧炉和汽提气气源（图 2-3）。

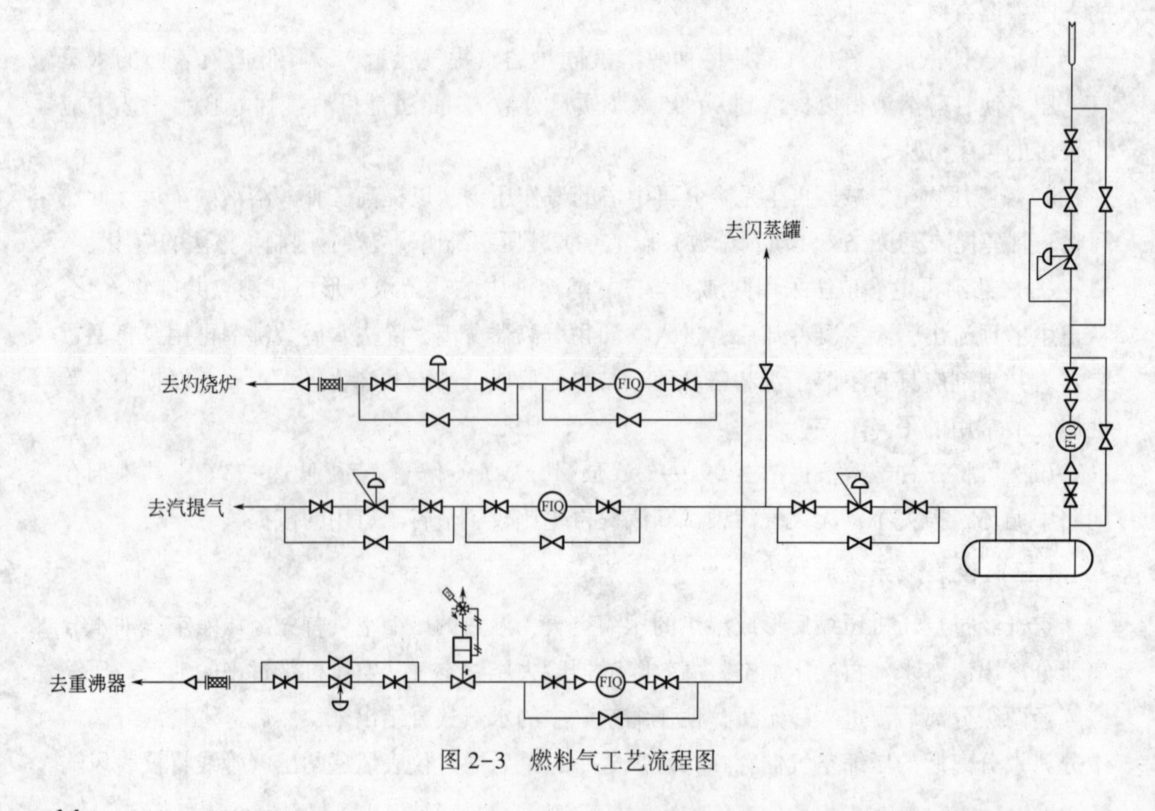

图 2-3　燃料气工艺流程图

（五）冷却系统

脱水装置冷却系统作用主要是将贫甘醇的入泵温度降至65℃左右，以保护甘醇泵。冷却系统主要分为两种，一种是利用循环水对甘醇冷却，另一种是板式换热器冷却。循环水对甘醇冷却是利用清水经泵输至高位水箱，高位水箱中水利用高差将水输至冷却水箱，利用甘醇与水在水箱中换热，降低甘醇温度，冷却水箱中水自流进低位水池。低位水池的水利用泵输至高位水箱，如此循环。板式换热器冷却是利用富甘醇与贫甘醇进行热交换将贫甘醇进行冷却，且提高了富甘醇进入重沸器再生的温度，有利于降低甘醇再生的燃料气消耗。相对于水冷，板式换热器更经济节能，目前广泛应用于脱水装置中。

四、工艺操作条件

影响三甘醇脱水装置脱水效果的主要因素是吸收塔操作条件、三甘醇浓度和三甘醇循环量。其中三甘醇贫液浓度是最关键的因素。

（一）吸收塔的操作条件

吸收塔的操作条件主要是指吸收塔的操作压力和温度，以及塔内气、液的接触方式。

实践表明，吸收塔的操作压力小于17MPa时，塔顶流出干气的露点温度基本上和吸收塔操作压力无关。

吸收塔的操作温度对出塔干气露点有影响。由于三甘醇脱水吸收塔内液相负荷小，液体进塔后经1~2块塔板，气液温度即相近，可以认为吸收塔的有效吸收温度等于进料天然气温度。

与入塔三甘醇贫液相平衡的天然气中的平衡水含量是出塔气体所能达到的理论最低水含量。在操作中，因为各种原因，出塔干气的实际露点将比平衡状态下的露点高8~11℃。增加甘醇吸收塔的塔板数，可以使塔顶流出干气的露点更接近于平衡水露点，但塔板数增加，会增加设备投资。使用圆形泡罩塔板时，塔板数大多取6~12块。

（二）三甘醇贫液浓度

进入吸收塔顶的三甘醇贫液浓度和温度是影响脱水效率的关键因素。为了达到较大的露点降，要求有较高的三甘醇贫液浓度和适宜的温度。图2-4是吸收塔顶流出的干气平衡水露点温度同进料湿气温度及进吸收塔的贫甘醇溶液浓度的关系图。已知进塔湿气温度和欲达到的干气露点温度，即可确定必须的贫甘醇溶液浓度。

（三）三甘醇溶液循环量

图2-5是吸收塔为1个理论板（实际每块塔板效率为25%，约相当于4块实际板数）时，实验测得的贫三甘醇溶液浓度、溶液循环量和露点的关系。由图2-5可见，当循环量超过一定值时，曲线趋于平缓，即再增加溶液循环量，露点降变化不大。在管输天然气含水量要求的范围内（最大管输压力下，天然气露点低于最低环境温度5℃），贫三甘醇溶液循环量一般为每脱出1kg天然气所含水分，需要三甘醇贫液25~60L，这是比较经济的循环量范围。

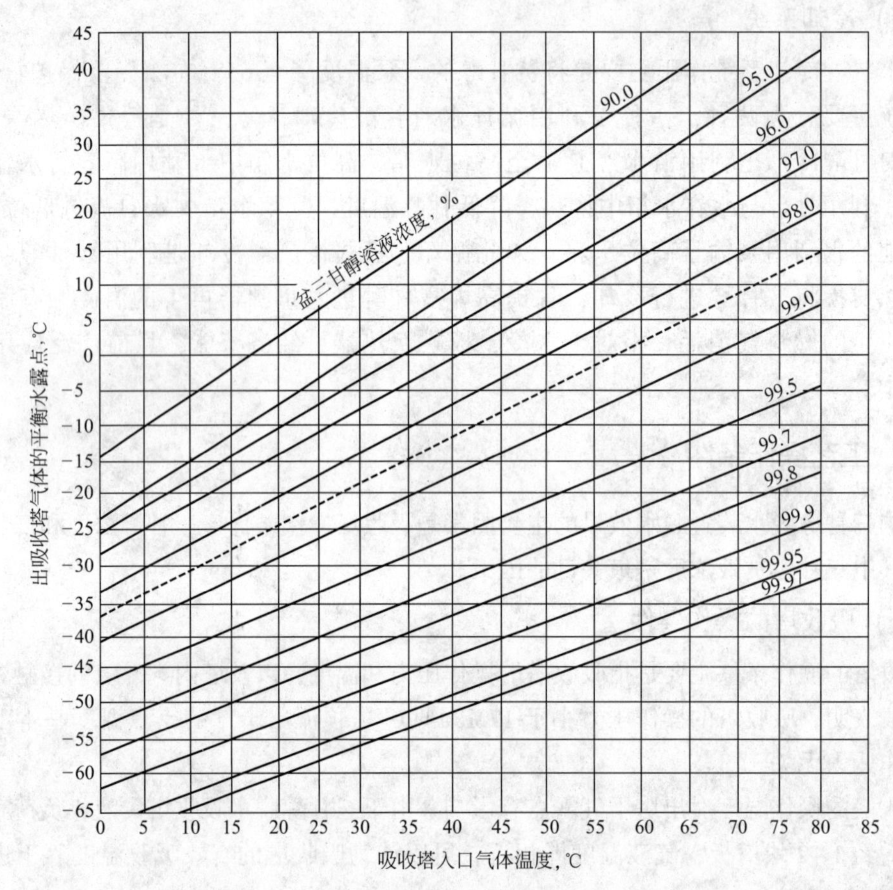

图 2-4　吸收塔操作温度、进塔贫三甘醇浓度和流出的干天然气的平衡水露点关系图

(虚线表示在 204℃、1atm 下再生塔中产生的贫三甘醇溶液的浓度)

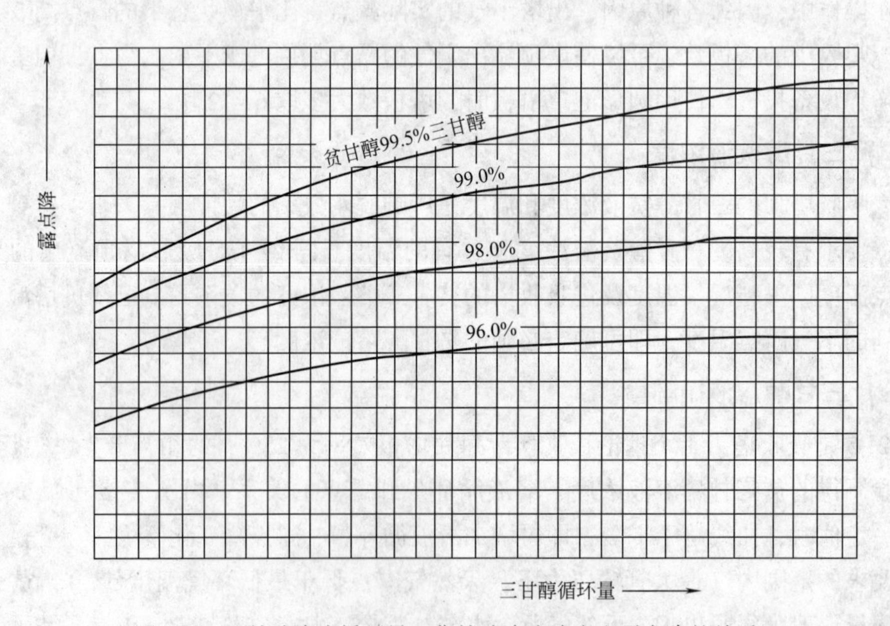

图 2-5　三甘醇溶液循环量、贫甘醇溶液浓度和露点降的关系

基于 1 个平衡塔板（4 个实际塔板）

第二节　吸附法脱水

固体吸附脱水是利用干燥剂表面吸附力，使气体的水分子被干燥剂内孔吸附而从天然气中除去的方法。常用的干燥剂有硅胶、活性氧化铝、分子筛等。而其中分子筛脱水应用最广泛，技术成熟可靠，脱水后干气含水量可低至1mg/L，水露点低于-90℃。分子筛脱水工艺作为固体吸附法的典型工艺技术，已经广泛应用于国内外天然气脱水中对水露点要求高的领域。在重庆气矿高含硫天然气脱水中就采用了该脱水技术。

分子筛脱水技术已经广泛应用于高含硫天然气的脱水。在加拿大，有的高含硫分子筛脱水装置建于20世纪60年代，到目前总体运行情况良好。例如，加拿大北部高含硫气田（H_2S 含量 3%～20%）Husky 采用了两套分子筛脱水装置，BP Canada 采用了 1 套。这些分子筛脱水装置较多使用两塔切换流程，再生气和冷吹气均使用未脱水的原料天然气。再生气和冷吹气的量均约为装置处理量的 10%，再生气的温度约为 280℃，再生气和冷吹气的介质流向均为自上而下，均采用高压再生、高压冷吹（比吸附压力约高 200kPa）。本文将以重庆气矿万州作业区的凉风站 50 万分子筛脱水装置为例介绍分子筛脱水。

一、分子筛的物理性质和脱水原理

分子筛是性能优良的吸附剂。它是具有骨架结构的碱金属或碱土金属的硅酸盐晶体。物理性质取决于化学组成和晶体结构。组成与天然白土相类似，可用下面分子式表示：

$$M_{2/n}O \cdot Al_2O_3 \cdot xSiO_2 \cdot yH_2O$$

式中　M——某些碱金属或碱土金属离子；

n——M 的价数；

x——SiO_2的分子数；

y——水的分子数量。

4A 和 13X 分子筛同是 Na_2O、Al_2O_3和 SiO_2组成，但是结构不同。用离子交换法将 4A 分子筛中 75%的钠离子分别置换为钾和钙离子，就制成 2A 和 5A 分子筛；同样用离子交换法将 13X 分子筛中 75%的钠离子置换为钙离子，即得到 10X 分子筛。X 型分子筛与 A 型分子筛的差别在于晶体结构的内部特征。它们的吸附机理是相同的。A 型分子筛是具有与沸石构造类似的结构物质，所有吸附均发生在这些孔腔内，孔腔直径为 11.4Å，由理论孔径为 4.2Å 的通道连接。通道的有效直径取决于阳离子的种类及其在构造中的位置，能进入晶体孔腔并被吸附水的分子的最大直径如表 2-2 所示。

表 2-2　分子筛类型与被吸附水的分子的最大直径

分子筛类型	被吸附水分子最大直径，Å
3A 分子筛——钾沸石	3
4A 分子筛——钠沸石	4

续表

分子筛类型	被吸附水分子最大直径，Å
5A 分子筛——钙沸石	5
10X 分子筛——钙沸石	8
13X 分子筛——钠沸石	9

X 型分子筛能吸附所有能被 A 型分子筛吸附的分子，并且具有稍高的容量，13X 型分子筛还可吸附芳香烃这样的大分子。各类分子筛的 pH 值大约为 10，在 pH 值 5~12 范围内是稳定的，在处理酸性天然气时，如吸附液 pH 值小于 5，就应采用抗酸分子筛。常用的分子筛有 AW300 及 AW500，这些分子筛性质见表 2-3。

表 2-3　分子筛性质表

性质	AW300	AW500
总体积密度，kg/m^3	888	728
球密度，kg/m^3	1386	1165
正常孔隙大小，Å	4	4
平均吸收热量，kJ/kg	3377	3377
比热容，kJ/（kg·℃）		0.03（-51℃时）
		0.80（38℃时）
		1.00（238℃时）

高峰场气田内部集输工程选用的是 AW500 型抗酸分子筛。

分子筛表面具有较强的局部电荷，因而对极性分子和不饱和分子有很高的亲和力。水是强极性分子，分子直径为 2.7~3.1Å，比通常使用的分子筛孔径小，所以分子筛是干燥气体和液体的优良吸附剂。常用的分子筛特性见表 2-4。

表 2-4　常用的分子筛特性

性能型号	孔直径 Å	堆积密度 g/L	湿容量（在 175mmHg、15℃下），%（质量分数）	水的吸附热，kcal/kg	SiO_2/Al_2O_3 比值	吸附质分子	排除的分子	应用范围
3A	3	640	20	1999	2	直径<3Å 的分子如 H_2O、NH_3 等	乙烷等直径>3Å 的分子	不饱和烃脱水，甲醇、乙醇脱水
4A	4	660	22	1000	2	直径<4Å 的分子，包括以上各分子及乙醇、H_2S、CO_2、SO_2、C_2H_4、C_2H_6 及 C_3H_6	直径>4Å 的分子，如丙烷等	饱和烃脱水，冷冻系统干燥剂
5A	5	690	21.5	1999	2	直径<5Å 的分子，包括以上各分子及 $n\text{-}C_4H_9OH$ $n\text{-}C_{4n}H_{10}$ 至 $C_{22}H_{48}$	直径>5Å 的分子，如异构化合物及 4 碳环化合物	从支链烃及环烷烃中分离正构烃
10X	8	570	28	1000	2.5	直径<8Å 的分子，包括以上各分子及异构烷烃、烯烃及水	二正丁基胺及更大分子	芳香烃分离

续表

性能型号	孔直径 Å	堆积密度 g/L	湿容量（在 175mmHg、15℃下），%（质量分数）	水的吸附热，kcal/kg	SiO_2/Al_2O_3 比值	吸附质分子	排除的分子	应用范围
13X	10	610	28.5	1000	2.5	直径<10Å 的分子，包括以上各分子及二正丙基胺	$(C_4H_8)_{2n}$ 及更大分子	脱水、H_2S 及硫醇

在脱水过程中，分子筛和硅胶、活性氧化铝、活性铝土矿相比较，具有以下两个显著的特点。

（1）分子筛的选择吸附性。

分子筛能按照物质的分子大小进行选择吸附，由于一定型号的分子筛其孔径大小一样，所以一般说来只有比分子筛孔径小的分子才能被分子筛被吸附在晶体内部的孔腔内，大于孔径的分子就被“筛去”。通过选用适当型号的分子筛，可以达到选择性地吸附水，减少甚至消除其他成分的共吸附作用。由于对其他分子，包括对其他极性和不饱和化合物的共吸附作用小，更加提高了吸附水的能力。一般用分子筛干燥后的气体，含水量可达 0.08~8mg/m^3，天然气工业中用于脱水的分子筛主要是 3A 和 4A 型分子筛。

（2）分子筛的高效吸附特性。

分子筛在低水汽分压、高温、高气体线速度等较苛刻的条件下仍然保持较高的湿容量（简单来讲，湿容量是 100g 吸附剂中水汽的质量）。在较低的水蒸气分压（如相对湿度小于 30%）时，分子筛的湿容量比其他吸附剂都高。随着相对湿度进一步降低，分子筛的湿容量相对地更高，这就表明分子筛用于天然气深度脱水时较其他吸附剂优越得多，表 2-5 是各种吸附剂的平衡水蒸气分压，表 2-6 是各种吸附剂在 5%相对湿度时的湿容量。

表 2-5　各种吸附剂的平衡水蒸气分压（25℃）

吸附剂湿容量 g 水/100g 吸附剂	平衡水蒸气分压，mmHg		
	活性氧化铝	硅胶	4A 分子筛
1	0.15	0.15	<0.01
5	1.2	0.8	0.02
10	7.6	5.6	0.07
15	14.4	6.8	0.2
20	—	8.5	0.5

表 2-6　各种吸附剂在 5%相对湿度时的湿容量

吸附剂	活性氧化铝	硅胶	4A 分子筛
湿容量 g 水/100g 吸附剂	3	3	18

分子筛高效吸附性的另一表现是在高温下脱水，它的湿容量比其他吸附剂高得多。表 2-7 是不同温度下各种吸附剂湿容量的比较。从表中可看到，在高温下只有分子筛

才是有效的脱水剂。例如在100℃时，分子筛的湿容量是15%，而活性氧化铝小于3%，硅胶小于1%。

表 2-7 不同温度下各种吸附剂湿容量的比较

温度，℃	吸附剂的平衡湿容量（mmHg 水蒸气分压），g 水/100g 吸附剂		
	5A 分子筛	活性氧化铝	硅胶
25	22	10	22
50	21	6	12
75	18.5	2.5	3
100	15	<3	≪1
125	8	<1	0
150	6	0	失效
250	3.5	失效	失效

二、分子筛脱水工艺流程

目前天然气工业用的脱水吸附器主要是固定床吸附塔，为保证装置连续操作，至少需要两个吸附塔。分子筛工艺一般分为两塔流程、三塔或多塔流程。凉风站分子筛脱水装置采用的是两塔流程，在两塔流程中，一塔进行脱水操作，另一塔进行吸附剂的再生和冷却，然后切换操作。

（一）两塔流程——湿气再生工艺

酸性湿天然气首先进入进口过滤器，过滤器上层塔板填充有过滤和聚结材料。气流流经聚结材料时，会被过滤除去混杂在其中的固体颗粒和直径大于或等于0.3μm的液滴之后进入脱水干燥器。脱水干燥器有两个床塔，每个床塔都填充有分子筛。一个用来吸附，另一个用作再生。湿天然气从顶部进入酸气脱水干燥器，然后由上至下通过分子筛床层，进行脱水吸附过程，得到达到水露点要求的干气。从脱水干燥器出来的干气进入干气过滤器除去干气中的固体颗粒杂质后出脱水装置。再生气从进口过滤器出口管线上接出。气体流入再生气加热器，温度可达260℃，达到了分子筛再生的所需温度。热的再生气进入脱水床层，从上至下，流经分子筛床层，加热蒸发掉水分，以再生分子筛。湿热的湿再生气然后进入再生气冷却器，在那里再生气被冷却至50℃，水分被凝结出来。随后在两相分离器中把水分离出去。从再生气分离器分离出来的液相水流入旁边的污水罐。仍然处于水汽饱和状态的气相是冷却再生气，循环流入干燥单元，与到吸附床层的湿原料气混合。所有的主流气、冷却气和受热气之间的切换均采用球阀切换。分子筛脱水湿气再生工艺流程见图2-6。

分子筛脱水湿气再生工艺主要工程量见表2-8。

表 2-8 $50\times10^4m^3/d$ 脱水装置的主要工程量表

项目	规格	单位	数量
进口过滤器	PN10.0，DN600	台	1
酸气脱水干燥器	PN10.0，DN1000	台	2

续表

项目	规格	单位	数量
干气过滤器	PN10.0，DN1000	台	1
加热炉	235kW	台	1
再生气分离器	PN10.0，DN600	台	1
空冷器	换热面积 $11m^2$	台	1

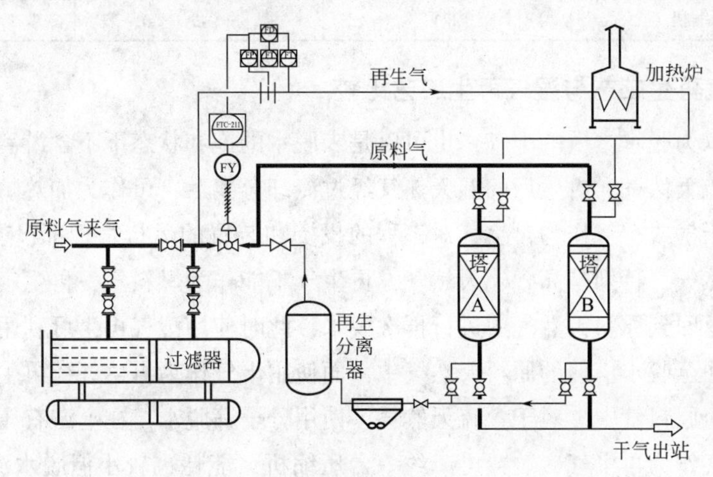

图 2-6　分子筛脱水的工艺流程（湿气再生）

（二）两塔流程——干气再生工艺

酸性湿天然气首先进入进口过滤器，过滤器上层塔板填充有过滤和聚结材料。气流流经聚结材料时，会被过滤除去混杂在其中的固体颗粒和直径大于或等于 0.3μm 的液滴，之后进入脱水干燥器。按两塔流程设计，即设两个脱水干燥器，每个干燥器都填充有分子筛，一个用来吸附，另一个用作再生，两塔轮换吸附与再生。湿天然气从顶部进入脱水干燥器，由上至下通过分子筛床层，进行脱水吸附过程，得到水露点符合要求的干气。从脱水干燥器出来的干气进入干气过滤器除去干气中的固体颗粒杂质后出脱水装置。分流一股脱水后的干气用作再生气，再生气增压机增压后，通过再生气加热器加热，温度可达 260℃，达到了分子筛再生的所需温度。热的再生气进入脱水床层，从上至下，流经分子筛床层，加热蒸发掉水分，以再生分子筛。湿热的再生气然后进入再生气冷却器，在那里再生气从 204℃被冷却至 49℃，水分被凝结出来。随后在两相分离器中把水分离出去。从再生气分离器分离出来的液相水送往酸水罐。再生过程分加热和冷却两个阶段（冷却时再生气旁通加热炉），所有再生气均自再生气分离器返回吸附器的入口。两塔切换及加热、冷却再生气的切换等切换阀均采用轨道球阀。

分子筛脱水干气再生工艺主要工程量见表 2-9。

表 2-9　单套 $50\times10^4m^3/d$ 脱水装置的主要工程量表

项目	规格	单位	数量
进口过滤器	PN10.0，DN600	台	1
酸气脱水干燥器	PN10.0，DN1000	台	2

续表

项目	规格	单位	数量
干气过滤器	PN10.0，DN1000	台	1
加热炉	235kW	台	1
再生气分离器	PN10.0，DN600	台	1
空冷器	换热面积 11m^2	台	1
再生气压缩机	12kW	台	1

（三）干气再生工艺与湿气再生工艺比较

再生气可以为脱水之后的干气，也可以是未脱水的饱和状态下不含游离水的原料天然气。对于不含硫天然气，再生后的湿天然气经过冷却分离后，可作为加热炉的燃料气，这种工况下使用干气或湿气作为再生气对工程的投资和装置的运行管理都没有较大的影响。而对于含硫天然气，特别是高含硫天然气，再生气不能作为燃料气，再生气通常都是经过冷却分离后再返回到原料天然气中进行再次脱水，此时使用湿气再生可利用原料天然气自身的压力能返回至脱水塔前的原料天然气中，而使用干气作为再生气，再生气则需由压缩机增压后返回至原料气中。对于含硫天然气，使用分子筛脱水，在上游有压力能可利用的条件下使用湿气作为再生气，装置可节约一台压缩机，能耗也较小但脱水深度相对较低，水露点一般不得超过-60℃。使用干气作为再生气，压缩机必不可少，能耗较高但脱水深度相对较高，水露点可达-120℃。若脱水深度要求不高，水露点达到-10℃即可，且井口压力又很高，再生气可使用湿气。

分子筛脱水装置两塔流程湿气再生工艺投资较低，但技术成熟，流程简单，操作维护方便，可能泄漏点少，可靠性和安全性高，采用湿气再生，再生气返回原料气中，没有再生气附加处理问题，国外普遍采用该工艺。

三、分子筛脱水工艺操作参数

（一）吸附操作

1. 操作温度

为使分子筛能保持高湿容量，设计原料气温度不高于 50℃，但也不能低于其水合物形成温度。

2. 操作压力

压力对分子筛湿容量影响甚微，主要由输气管道压力决定。但是操作过程中应避免压力波动，如果脱水塔放空太急，床层截面会产生局部气速过高，引起床层移动和摩擦，甚至分子筛颗粒会被气流夹带出塔。凉风站 50 万分子筛脱水装置设计压力为 10.48MPa，工作压力为 5.0~5.5MPa。

3. 分子筛使用寿命

凉风站 50 万分子筛脱水装置设计分子筛使用寿命为 3~5 年，其使用寿命主要取决于原料气的气质、吸附和再生过程的操作情况等。为防止上游装置的缓蚀剂、胺类及其他液体、固体杂质随原料气进入吸附器床，必须充分重视原料气的分离和过滤，从而延长分子筛的使用寿命。

4. 吸附周期

凉风站 50 万分子筛脱水装置吸附周期设计为 8h 和 10h 两种。

5. 原料气流向

吸附操作时塔内气体流速最大，塔内气体从上向下流动。吸附操作时可允许较大的流速但不能造成分子筛床层扰动。

（二）加热操作

1. 再生气来源

再生气来源主要有以下几种：

（1）原料气。当用原料气作为再生气时，在冷却期会涉及床层，限制了床层的有效能力，并且如果是向上流动冷却，则脱除水后的天然气可达到的水露点最小，适用于脱水深度不很高的场合。

（2）脱水后的产品干气。

（3）工厂其他装置的干净化气。

凉风站 50 万分子筛脱水装置采用的是湿气再生，再生气来源为原料气。

2. 加热方式

加热有热载体加热、加热炉加热和电加热这三种方式。采用何种方式应考虑各种因素，对大型连续加热的流程，加热炉有优势；电加热和热载体加热的操作控制灵活，间断加热有优势。凉风站 50 万分子筛脱水装置采用加热炉加热，燃料为站场净化气。

3. 再生温度

再生温度主要取决于使用的分子筛和被脱物质的性质，一般为 200~315℃。使用较高的再生温度可提高再生后分子筛的湿容量，但会缩短其有效使用寿命。凉风站 50 万分子筛脱水装置设计再生温度为 285℃。

4. 再生压力

1）降压再生

低压气有较高的携水能力，并且对于相同质量流率有较高的再生气速度通过床层，这就使得与高压再生相比再生气流量较低。低压再生时，切换程序必须考虑系统压力与床层压力相平衡的问题，以避免切换时由于气流的剧烈流动而对分子筛床层造成损坏。

2）不降压再生

如果允许的话再生气可直接掺入产品气中，而且由于再生和吸附压力几乎相同，切换程序不必考虑系统压力与床层压力相平衡的问题。凉风站 50 万分子筛脱水装置采用的是不降压再生。

5. 再生气流量

再生气流量通常为总处理量的 5%~15%，由具体操作条件而定。再生气流量应足以保证在规定时间内将分子筛的再生温度提高到规定的温度。凉风站 50 万分子筛脱水装置设计再生气流量为40300m³/d。

6. 再生周期

使再生吸附器出口气体温度达到预定的再生温度所需的时间约为总周期时间的1/2~5/8，若采用吸附周期为8h，对于双塔流程，则加热再生吸附床层时间约为4.5h，冷却床层时间约为3h，备用与切换时间约为0.5h。凉风站50万分子筛脱水装置设计再生气周期为吸附周期的一半，但再生塔出口温度为一个重要指标，再生时间和出口温度同时满足才能再生加热过程进入冷却阶段。

7. 再生气流向

1）气体从下向上流动

一方面可以脱除靠近进口端被吸附的污染物质，并且不使其流过床层；另一方面，还可使床层底部分子筛得到完全再生。因为床层底部是湿原料气吸附干燥过程最后接触的部位，直接影响流出床层的干天然气的质量。再生时气体采用和吸附操作时相反的流向会增加切换阀门和配管。

2）气体由上至下的流动

在短周期操作时，由于床层上部脱附的水有助于床层下部烃类的脱附，故再生时气体一般采用与吸附操作时相同的流向。凉风站50万分子筛脱水装置再生气由上至下流动。

（三）冷却操作

1. 冷却气流量

冷却气流量与再生气流量相同。

2. 冷却气流向

1）气体从上向下流动

如果冷却气含水，最好采用此种流动方式，以使冷凝下来的水留在床层顶部，这样，在吸附周期水分就不会对干燥后的天然气水露点产生过大影响。

2）气体从下向上流动

如果冷却气不含水，可采用该种流动方式，这样可节省两个开关阀（利用未加热的再生气）。凉风站50万分子筛脱水装置再生气由上至下流动。

3. 冷却终温

冷却终温为40~55℃，通常为50℃，根据大气温度适度调节。

（四）切换操作

吸附与再生进行切换时，降压与升压速度宜小于0.13MPa/min。

第三节 低温分离法脱水

低温分离脱水是把高压天然气节流降压制冷，用低温分离的方式从天然气中回收凝液，J-T阀脱水属于低温分离法脱水的一种。

一、J-T 阀制冷原理

J-T 阀就是焦耳-汤姆逊节流膨胀阀。焦耳-汤姆逊节流膨胀原理简单地说就是加压空气经过节流膨胀后温度会下降。当气体有可利用的压力能，而且不需很低的冷冻温度时，采用节流阀（也称焦耳-汤姆逊阀）膨胀制冷是一种比较简单的制冷方法。当进入节流阀的气流温度很低时节流效应尤为显著。

节流过程的主要特征：在管道中连续流动的压缩流体通过孔口或阀门时，由于局部阻力使流体压力显著下降，这种现象称之为节流。工程上的实际节流过程，由于流体经过孔口、阀门时流速快、时间短，来不及与外界进行热交换，可近似看作是绝热节流。如果在节流过程中，流体与外界既无热交换及轴功交换（即不对外做功），又无宏观位能与动能变化，则节流前后流体焓不变，此时即为等焓节流。天然气流经节流阀的膨胀过程可近似看作是等焓节流。

图 2-7 为节流过程示意图。流体在接近孔口时，截面积很快缩小，流速迅速增加。

图 2-7　节流过程示意图

流体经过孔口后，由于截面积很快扩大，流速又迅速降低。如果流体由截面 1-1 流到截面 2-2 的节流过程中，与外界没有热交换及轴功交换，由绝热稳定流动能量平衡方程得：

$$h_1+\frac{v_1^2}{2g}+z_1=h_2+\frac{v_2^2}{2g}+z_2 \tag{2-1}$$

式中　h_1，h_2——流体在截面 1-1 和截面 2-2 的焓，kJ/kg（换算为 m）；

v_1，v_2——流体在截面 1-1 和截面 2-2 的平均速度，m/s；

z_1，z_2——流体在截面 1-1 和截面 2-2 的水平高度，m；

g——重力加速度，m/s^2。

在通常情况下，动能与位能变化不大，且其值与焓相比又极小，故式中的动能、位能变化可忽略不计，因而可得：

$$h_1-h_2=0 \tag{2-2}$$

$$h_1=h_2 \tag{2-3}$$

式(2-3) 说明绝热节流前后流体焓相等，这是节流过程的主要特征。由于节流过程中摩擦与涡流产生的热量不可能完全转变为其他形式的能量，因此，节流过程是不可逆过程，过程进行时流体熵随之增加。

在下述情况下可考虑采用节流阀制冷：

(1) 压力很高的气藏气（一般为 10MPa 或更高），特别是其压力会随开采过程逐渐递减时，应首先考虑采用节流阀制冷。节流后的压力应满足外输气要求，不再另设增压压缩机。如气源压力不够高或已递减到不足以获得所要求低温时，采用冷剂预冷。

(2) 气源压力较高，或适宜的冷凝分离压力高于干气外输压力，仅靠节流阀制冷也能获得所需的低温，或气量较小不适合用膨胀机制冷时，可采用节流阀制冷。如气体中重烃较多，靠节流阀制冷不能满足冷量要求时，可采用冷剂预冷。

(3) 原料气与外输气有压差可供利用，但因原料气较贫故回收凝液的价值不大时，可采用节流阀制冷，仅控制其水露点及烃露点以满足管输要求。若节流后的温度不够低，可采用冷剂预冷。

二、乙二醇防冻剂性质

乙二醇（ethylene glycol）又名“甘醇”“1,2-亚乙基二醇”，简称 EG。化学式为 $(CH_2OH)_2$，是最简单的二元醇。乙二醇是无色无臭、有甜味液体，对动物有毒性，人类致死剂量约为 1.6g/kg。乙二醇能与水、丙酮互溶，但在醚类中溶解度较小。乙二醇是一种抗冻剂，60%的乙二醇水溶液在-40℃时结冰。乙二醇水溶液的冰点见图 2-8。

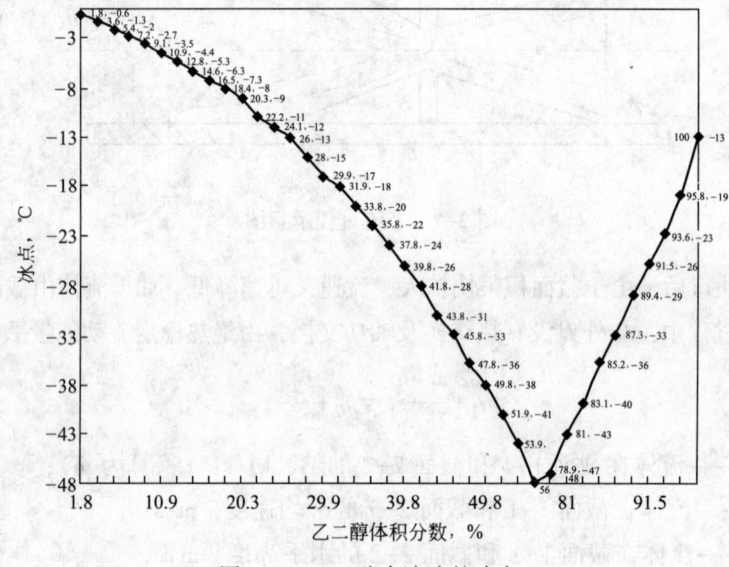

图 2-8 乙二醇水溶液的冰点

三、低温法工艺流程

如图 2-9 所示，气井来气进站后，经一级节流阀节流调压到规定压力，使节流后的气体温度高于形成水合物的温度。气体进入一级分离器脱除游离液（水和凝析油）和机械杂质，流经流量计后，进入混合室与高压计量泵注入的浓度为 80%的乙二醇水溶液充分混合，再进入换冷器，与低温分离器出来的冷气换冷，预冷到规定的温度，（低于形成水合物温度），经预冷后的高压天然气，在节流阀处节流膨胀，降压到规定的压力，此时天热气的温度急剧降低到零下。在这样低温冷冻的条件下，在第二级分离器（低温分离器）内，天然气中的凝析油和乙二醇稀释液（富液）大量地被沉析出来，脱除了水和凝析油的冷天然气从分离器顶部引出，作为冷源在换热器中预冷热的高压天然气后，在常温下计量和出站输往脱硫厂进行硫化氢和二氧化碳的脱除。而从低温分离器底部出来的冷冻液（未稳定的凝析油和富液），进入集液罐，经过滤后去缓冲罐闪蒸，除去部分溶解气后，凝析油和乙二醇水溶液一起去凝析油稳定装置。稳定后的液态产品进三相分离器进一步分离成凝析油和乙二醇富液。乙二醇富液去提浓装置，提浓再生后重复使用。稳定后的凝析油输往炼油厂作原料。

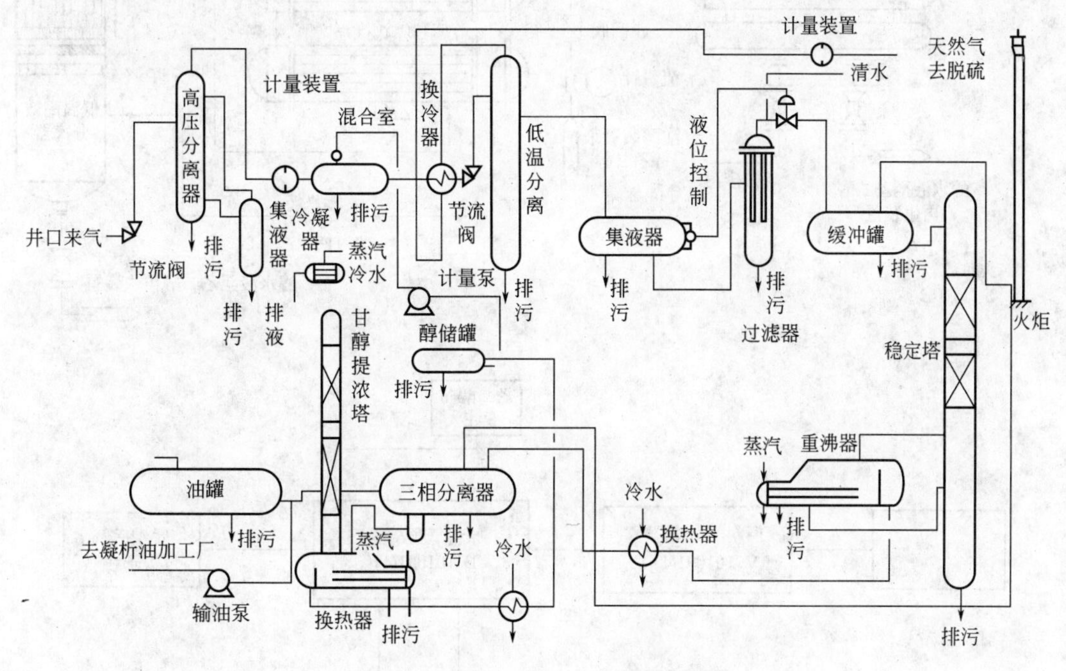

图 2-9 低温法脱水工艺流程示意图

四、J-T 阀脱水工艺流程和装置

以某集气站实际流程为例，分天然气脱水系统、乙二醇循环系统等对 J-T 阀脱水装置进行介绍。

（一）天然气脱水系统

如图 2-10 所示，原料天然气（约 26℃，12.4MPa），经原料气分离器分离出醇水液后，进入原料气预冷器管程。自乙二醇再生及注醇装置来的乙二醇贫液（质量分数 80%）通过雾化喷头呈雾状喷射入原料气预冷器的管板处，和原料气在管程中充分混合接触后，与自低温分离器来的冷干气进行换热，被冷却至约 0℃。原料天然气再经 J-T 阀做等焓膨胀，气压降至约 9.61MPa，温度降至约-10℃，从中部进入低温分离器进行分离，以分出液态醇水液。产品气进入壳程与原料天然气逆流换热，换热后的干气（约 16.85℃，9.56MPa）输往输气干线。原料气分离器底部出来的醇水混合液（9.61MPa）降压至 1.0MPa 进入乙二醇再生及注醇装置进行换热。

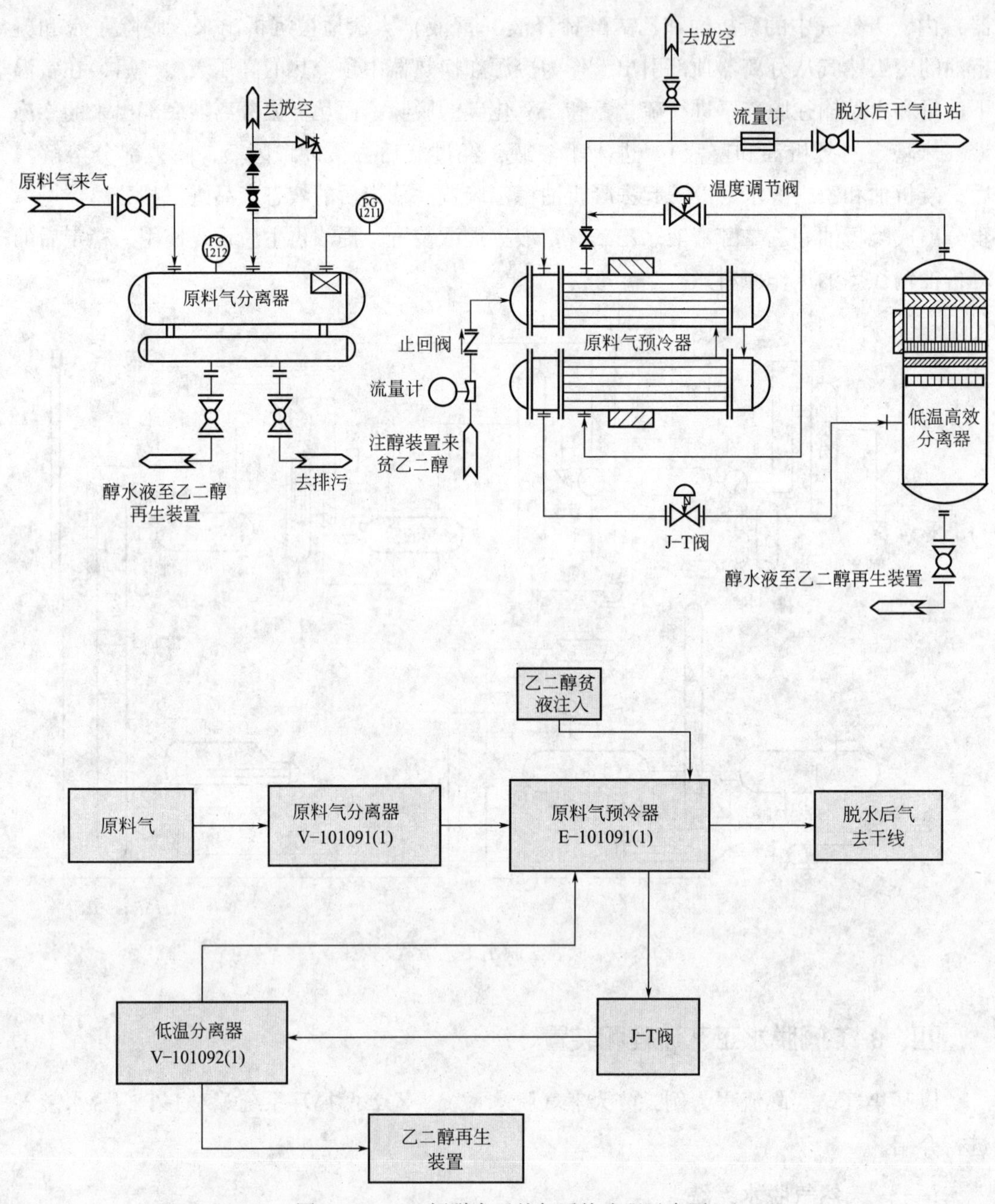

图 2-10　J-T 阀脱水天然气系统流程示意图

（二）乙二醇循环系统

如图 2-11 所示，低温分离出来的 EG（乙二醇）富液（-7℃，1.0MPa，质量分数 65.2%）经系统汇集并由 EG 贫富液换热器换热到 65℃后进入本装置 EG 富液闪蒸罐，从闪蒸罐出来的富液（65℃，0.98MPa）依次进入 EG 富液机械过滤器和 EG 富液活性炭过滤器，以除去富液中可能存在的杂质及降解产物。过滤后的富液经 EG 再生塔塔顶内换热盘管换热至 80℃后从塔中部进入再生塔。塔顶出来的蒸气（99℃，0.05MPa）接至平台外围。从塔底重沸器出来的贫液（约 129℃）经 EG 贫富液换热器换热到 40℃，送入 EG

贫液缓冲罐。缓冲罐内的贫液再经 EG 贫液注入泵分别注入脱水装置。再生塔顶排出的不凝气体主要为水蒸气、CO_2以及微量 EG，直接排入大气。

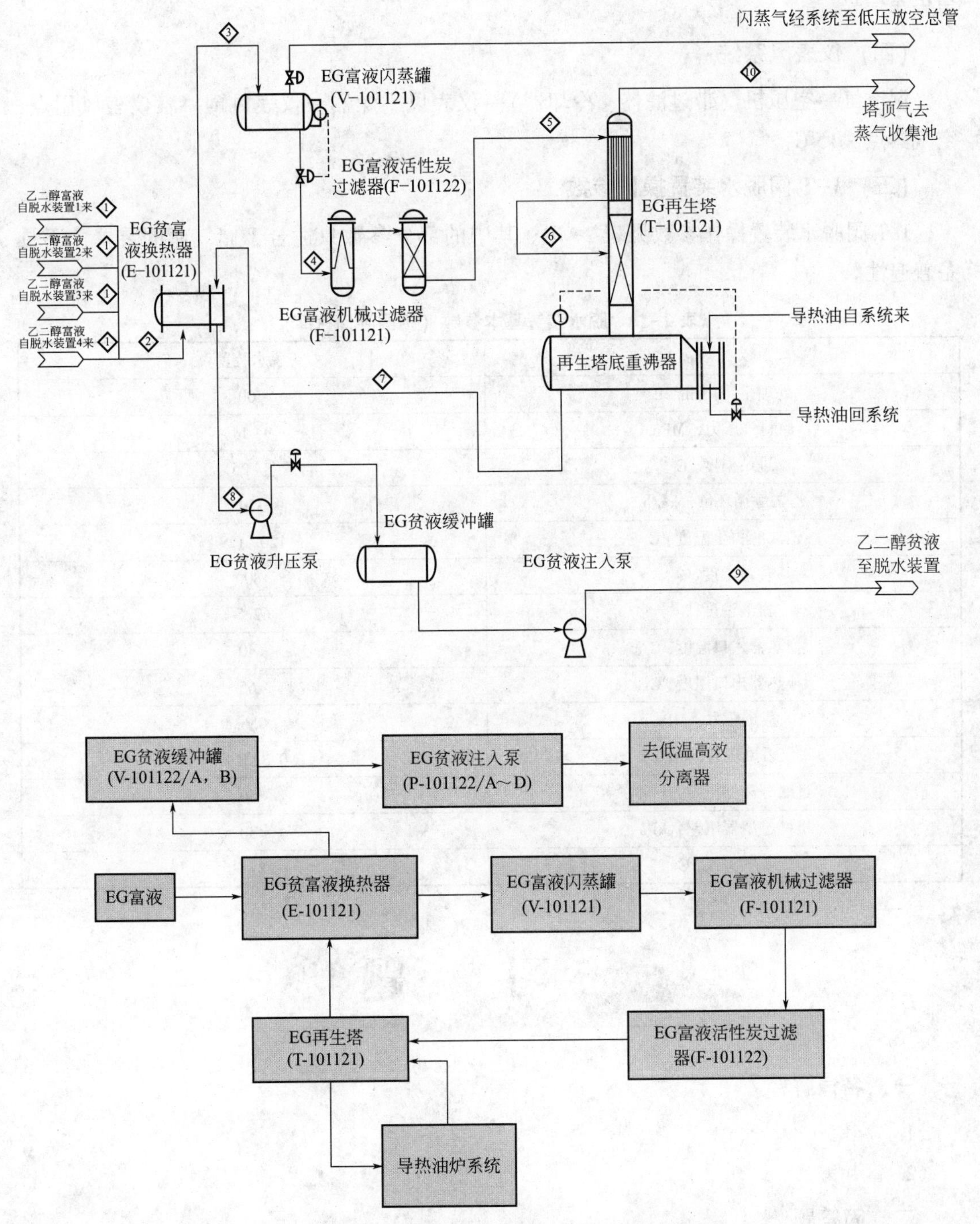

图 2-11　J-T 阀脱水乙二醇循环系统流程示意图

（三）导热油炉系统

热油系统均为机械闭式循环，热油为热载体，利用热油循环泵，强制液相循环，将热能输送至工艺装置，温度降低继而返回导热油炉重新加热。导热油炉为全自动控制，具有程序点火、火焰检测、熄火保护、负荷自动连续比例调节等功能，自带控制柜，预留通信接口与控制中心的 SIS 系统连接，上传各项运行参数，能接受来自中控室内 SIS 的远程紧急停车信号。

（四）仪表风系统

湿空气→空压机（带过滤器、冷却器)→仪表风干燥器→仪表风罐→各仪表风用点，空气露点≤15℃。

（五）J-T 阀脱水装置操作参数

J-T 阀脱水装置操作参数见表 2-10。其中的部分参数只适合于储气库的装置，不具备普遍性。

表 2-10　脱水装置基本参数（相国寺储气库）

参　数	脱水装置
处理量，$10^4m^3/d$	700
原料气压力，MPa	9~14
进站温度,℃	8~26
乙二醇循环量，kg/h	370
乙二醇再生温度,℃	120~129
贫液浓度,%	80
富液浓度,%	62.5
换热器入口温度,℃	<40
换热器出口温度,℃	<65
闪蒸罐压力，MPa	0.6
仪表风压力，MPa	0.3~0.7
过滤分离器压差，kPa	<50
机械过滤器压差，kPa	<30
干气露点,℃	-18~-5

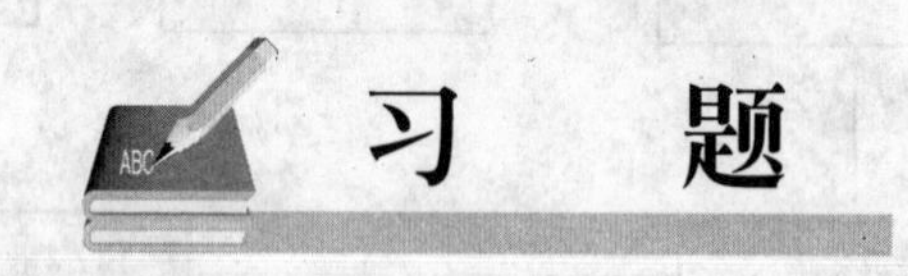

一、名词解释

1. 贫甘醇
2. 富甘醇

二、简答题

1. 三甘醇替代二甘醇作为脱水剂的优点有哪些？
2. 甘醇脱水原理是什么？
3. 提高三甘醇浓度的方法有哪些？
4. 影响三甘醇脱水效果的主要因素有哪些？

第三章 天然气脱水设备

第一节 脱水装置单体设备

一、三甘醇脱水流程主要的工艺设备

(一) 过滤分离器

1. 作用

用于分离原料气中烃类及夹带的固相或液相，如砂子、管线腐蚀产物、烃类以及井下作业用的化学药剂等。常用的有卧式和立式，且大多数情况下安装有过滤器，常见的有过滤分离器等。对于脱水装置而言，出现的问题大多数是由于原料气没有充分过滤、分离所导致的，因此原料气的过滤、分离尤为重要。

2. 结构

过滤分离器主要由过滤、分离元件、筒体等组成，如图 3-1 所示。

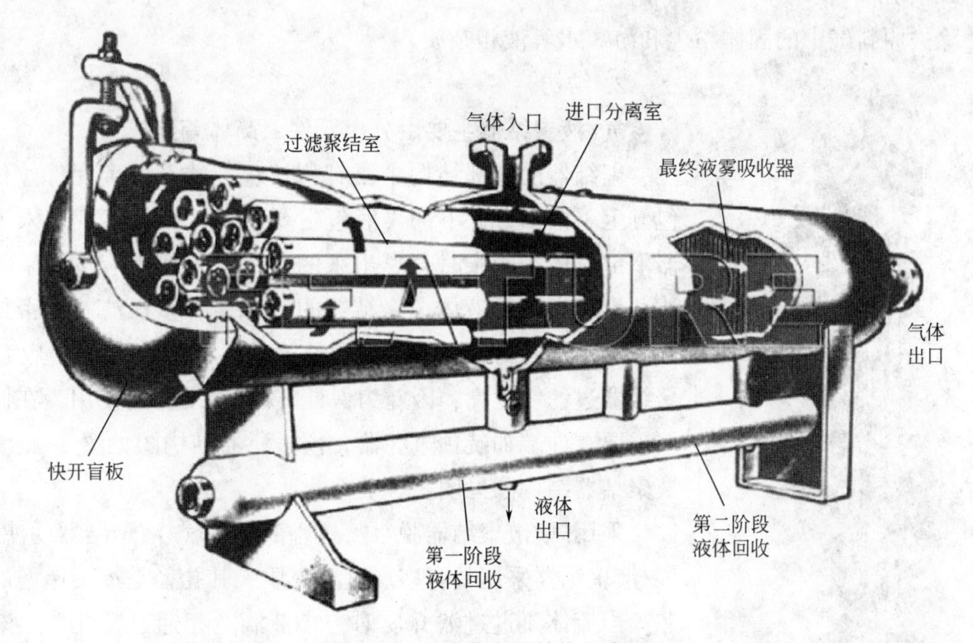

图 3-1　过滤分离器结构示意图

3. 设置原因

进入吸收塔中的天然气越干净，操作出故障的机会就越少。

如果在进气口不设分离器，湿天然气带入的自由水会降低甘醇的浓度，从而降低甘醇的吸水效率，因而增加了甘醇的循环量；同时又会增加精馏柱中的汽—液量，造成精馏柱被淹，大大增加重沸器的热负荷和增大燃料气的需求量，结果导致甘醇损失增加和脱水深度不够。如果水中还带有盐和固体杂质，它们就会在重沸器中沉积，使加热表面结垢，还有可能使加热表面被烧坏。

如果有液态烃，它们就会进入精馏柱和重沸器。如果有大量的烃组分，它们就会变成气体，从精馏柱顶出来，会引起火灾。而重烃组分由于相互不溶，则会集中在缓冲罐中甘醇的表面，如果不将它除掉，最后就会使整个系统溢流。烃类气体的闪蒸会冲精馏柱，且大大增加重沸器的热负荷和甘醇的损失。

4. 操作要点

要防止分离器排液管冬天冰堵；分离器应尽量靠近吸收塔，以免天然气在进塔之前产生更多的冷凝物；如果甘醇脱水装置前的分离器有安全盖或满负荷安全阀，一般应在吸收塔的进气管上装一个止回阀，以保护塔的内部构件；有时还需要在进气分离器和脱水装置之间装上一个高效捕雾器，将所有1μm以上的杂质除去，保证进气干净；如果脱水前天然气要进行压缩，在吸收塔前装一个组合式分离器，就能除去雾状压缩机油（压缩机油和重馏分会附在吸收塔或精馏柱内的填料表面，降低填料的工作效率）。

（二）气/液聚结器

1. 作用

除去原料气中的固体粉尘和游离水等液相杂质。

2. 结构

气/液聚结器主要由分离元件、筒体等组成。

聚结器的内部结构主要有积液包和滤芯分离元件。积液包分上下两部分，下部集液包主要用于收集天然气进入聚结器下部、体积膨胀时分离出来的液体；上部集液包用来收集滤芯聚结出来的液体。聚结器的内部装有多根滤芯，密封形式采用单根密封，气体由内向外流动，见图3-2。由于气/液聚结器过滤精度高，因此为保证气/液聚结器的使用，在使用上需要在前端加装预过滤器。预过滤器结构图见图3-3，气/液聚结器结构图见图3-4。

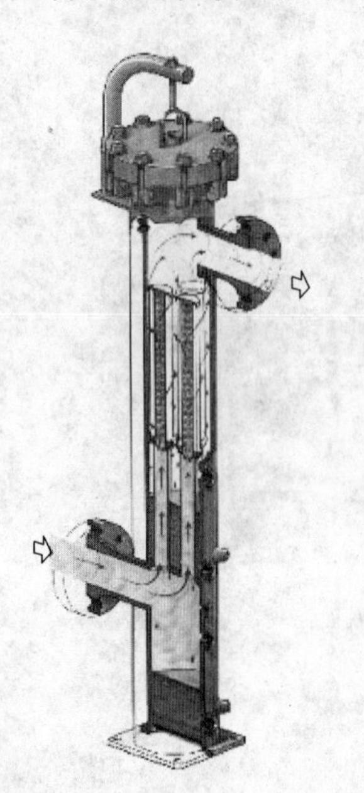

图3-2　气/液聚结器流向

采用气/液聚结器脱水，核心部位是气/液聚结器的滤芯。气/液聚结器采用具有多层过滤介质、其孔径是逐层递增的滤芯。当流体流过过滤介质时，小液滴竞相通过开孔，逐渐汇集成大液滴，这些大液滴更容易与连续相流体分离。气/液聚结器分离脱水过程见图3-5。

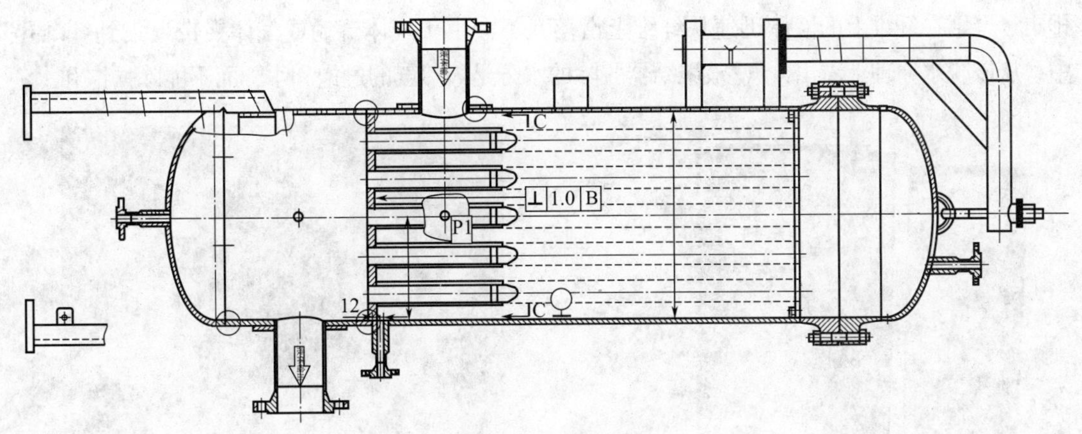

图 3-3　预过滤器

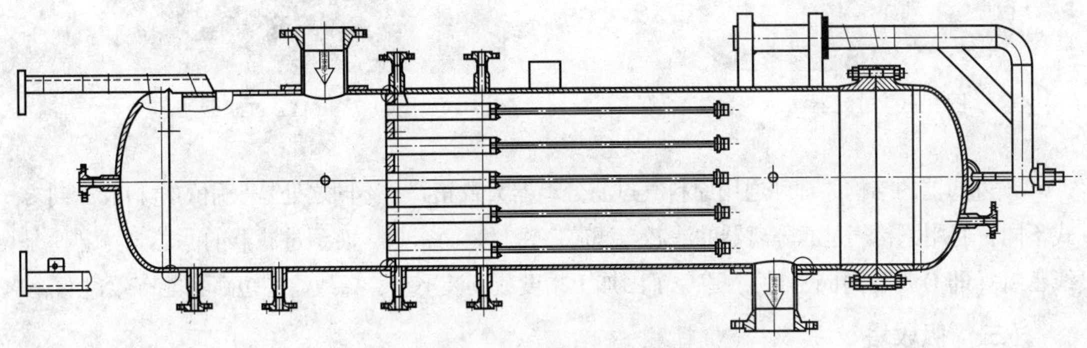

图 3-4　气/液聚结器结构图

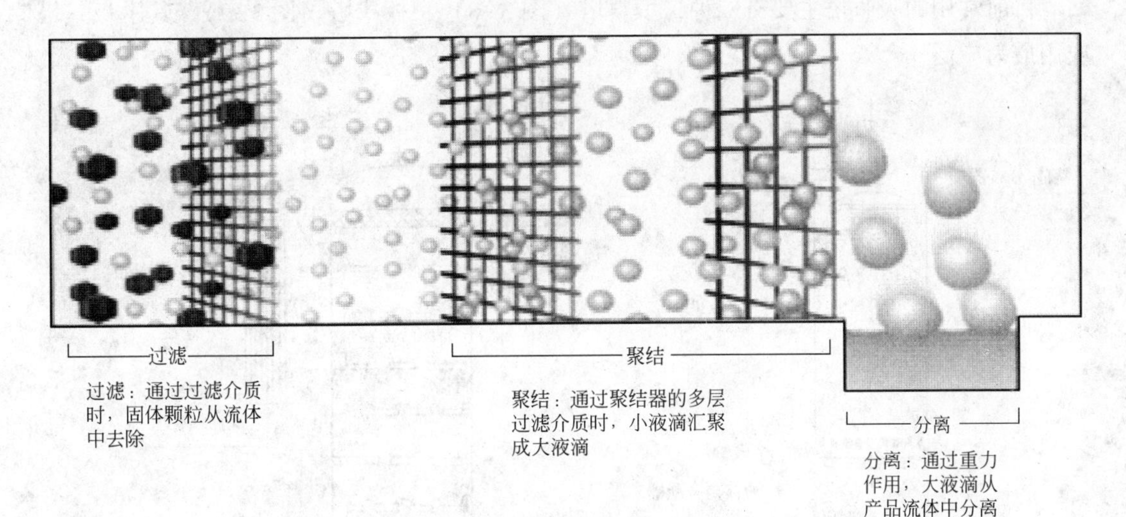

图 3-5　气/液聚结器脱水原理图

目前在用的气/液聚结器采用的是美国 PALL 公司开发的滤芯产品（图 3-6、图 3-7）。聚结器可将工艺气流中的液体污染物去除至 0.01mg/kg 以下；同时还可以脱除气流中少量的细微固体颗粒。气/液聚结器能够将液滴去除至 0.01mg/kg 以下，是因为在其生产工艺中采用了疏水/疏油处理技术，可以将聚结液体在只占整个滤芯 25%～30%的底部排出，从而避免液沫夹带现象。同时介质表面能量降低，可以防止聚结液体润湿介质，加速介质纤维上液体的排出。聚结在纤维上的液体迅速从纤维上滑落，不会由于气体流动或气体夹带聚集到纤维孔中。从该脱水原理上看出，气/液聚结器脱除的水分是天然气的过饱和水，而不能除去饱和水。

图 3-6 过滤器滤芯

图 3-7 PALL 过滤器滤芯

预过滤器的结构原理和通用原料气过滤分离器大致相同，不同之处是采用的材料和密封方式不同，通用原料气过滤分离器的滤芯与滤芯座密封是面密封，而预过滤器的滤芯与滤芯座是线密封（即 O 形密封圈密封），避免了因加工精度或安装不正，导致滤芯短路不能有效过滤。

（三）吸收塔

目前常用的吸收塔主要有二种，填料塔（图 3-8）和板式塔（图 3-9）。其中板式塔应用最为广泛。

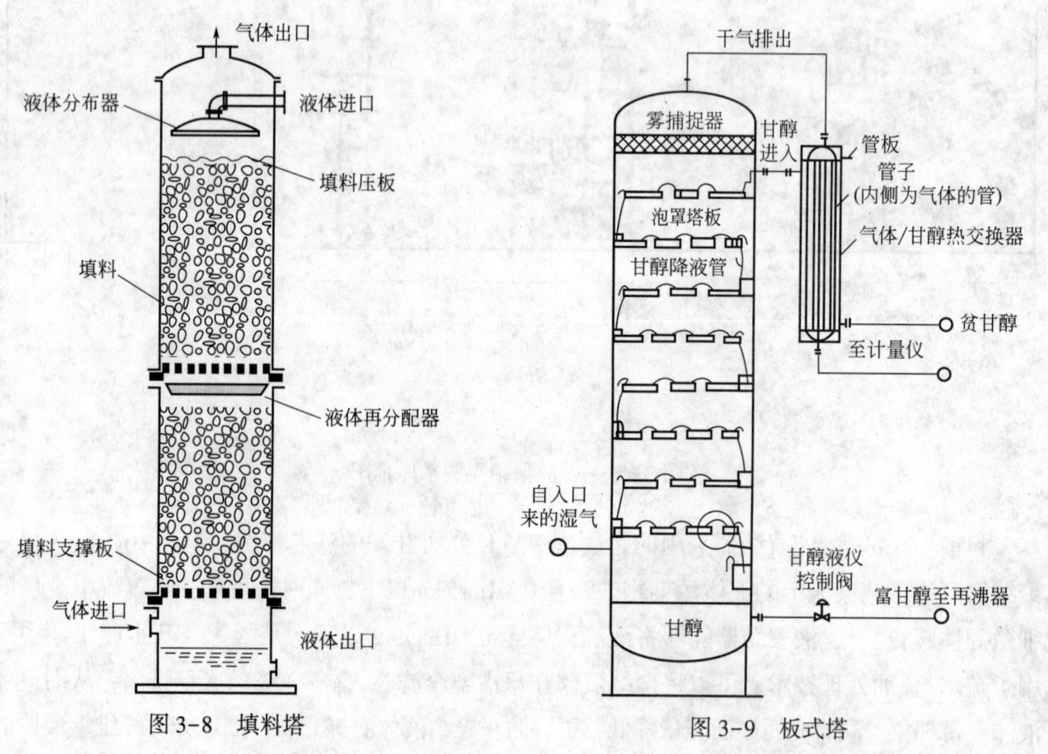

图 3-8 填料塔

图 3-9 板式塔

1. 作用

提供气液传质的场所，使气相中的水分被 TEG 吸收。

2. 结构

板式塔由一个圆柱形的壳体及其中按一定间距水平设置的若干块塔板组成，主要有泡罩塔板和浮阀塔板两种（图 3-10、图 3-11）。

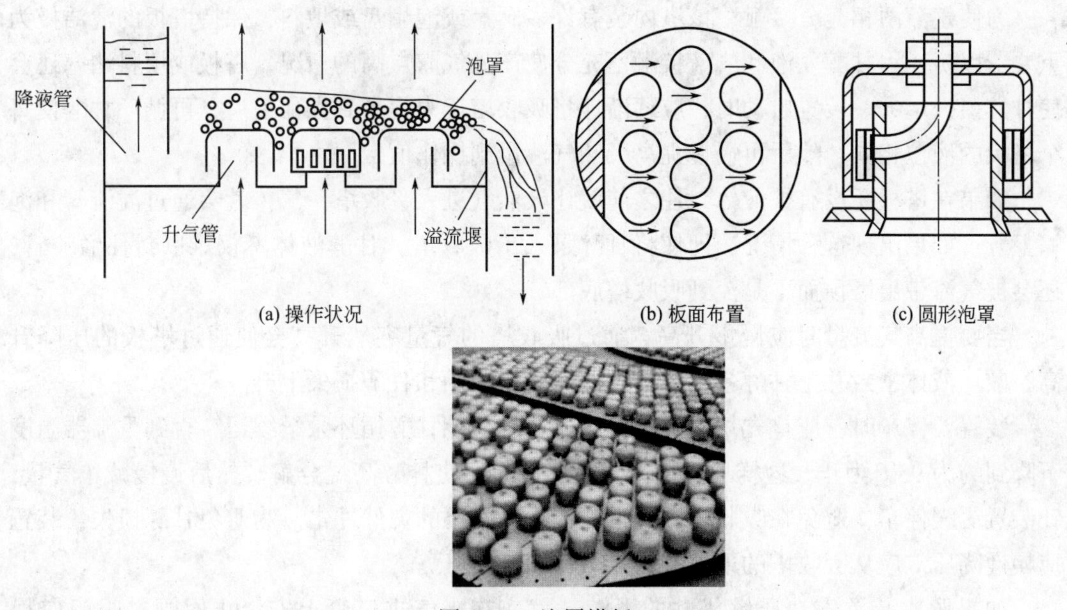

图 3-10　泡罩塔板

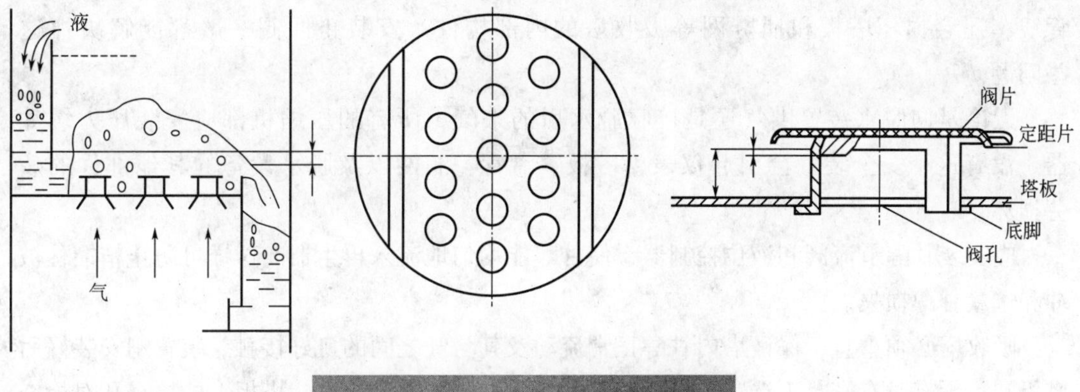

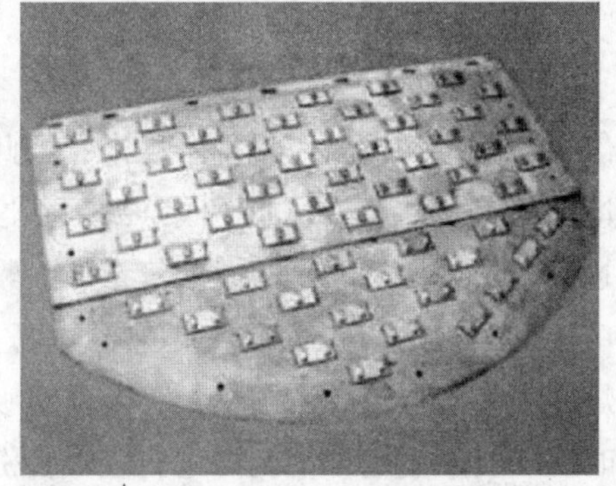

图 3-11　浮阀塔板

3. 操作要点

密切注意产品气分析记录，根据产品气的含水量、原料气进气量、含水量，随时调整TEG循环量，保证产品气质。

经常观察吸收塔液位，防止TEG液位过低和重力分离段液位过高。

注意观察脱水塔压差，防止三甘醇溶液严重出现被产品气带走的现象。

为使气液两相充分接触，该塔内装有许多阀盘或泡帽盘或填料，保持塔板的清洁极为重要，以防止因甘醇发泡和气液接触不充分使产品气露点高的情况。塔板或填料堵塞还会使甘醇损失增大。装置启动时，应逐渐地将吸收塔压力提高到操作值后，再循环甘醇使每个塔板的液位相同，然后再慢慢提高天然气流量到操作值。

如果在塔板还没有被液体封住之前就让天然气进入吸收塔，气体就会通过溢流管和泡帽上升。如果出现这种情况，即使将甘醇泵入了吸收塔，甘醇液体不仅难以封住溢流管，还会被气流带出塔顶而不是流到吸收塔底部。

当要提高气流量时应慢慢升高。通过吸收塔的气量突然升高会使通过塔板的压降升高，破坏液体密封并把甘醇带出塔板，使捕雾器被冲和甘醇损失上升。

装置要停产时，应首先切断重沸器的燃料气，让甘醇循环泵继续运转直到重沸器温度下降到约为95℃为止。这样可防止由于温度过高而使甘醇高温分解。然后慢慢减小气量，让装置缓缓停车，避免在吸收塔和管道中产生不必要的突然冲击。为避免甘醇损失，装置应慢慢降压。应从吸收塔的下流端（干气出口）泄压。

如果脱水装置安在压缩机站的下游，就应在来气进口管上安装止回阀，阀门应尽量靠近吸收塔。经验表明，当压缩机突然发生故障或停车时会将一些甘醇吸入进气管线，还会损坏塔板和捕雾网等吸收塔的内部构件。安装止回阀一般都能解决掉这些问题。

无论是向脱水装置供气还是接收脱水后的来气，所有的压缩机都应安装压力缓冲器。没有这个安全装置会引起仪表、塔板、盘管、滤网以及脱水设备的其他部件的疲劳损坏。

应安装甘醇节流阀和液位控制器，使甘醇能均匀地流入再生器。这样可防止精馏柱被冲和过量甘醇损失。

吸收塔必须垂直，保证塔内甘醇正常流动及其与气之间的良好接触。装置刚安装好后塔板和泡帽有时有密封不严。如果甘醇损失量大，就要进行检查。塔板上的检查孔对检查或清洗吸收塔很有用。

如果脱水后的干气用于气举，由于气举的用气量不稳定，因此对生产气量和装置的操作都必须小心。应该在吸收塔的出气管线上安装回压阀。如果不这样做，可在吸收塔下游安装阀门来防止吸收塔突然过载和帮助控制通过装置的气量。吸收塔突然过载会破坏塔板或吸收塔中溢流管的密封和由于甘醇进入产品气而造成过量损失。

有时，如果有过量的轻烃冷凝附积在吸收塔内壁上，还要对吸收塔采取保温措施。在寒冷的气候下处理高温湿气时往往会发生这种情况。这些轻烃会引起吸收塔冲板或甘醇发泡，以及在再生过程中甘醇大量损失。

被气夹带的和沿塔内壁向上流的甘醇量难以控制，因此，对捕雾器应特别关照。应仔细研究捕雾网的类型和厚度，从而把其醇损失量降至最小。安装好后，还要注意保护捕雾网不受损坏。为避免捕雾网被损坏，天然气通过吸收塔的最大压降约为 0.6MPa。

(四) 再生器

如图 3-12 所示，三甘醇再生器主要由再生塔（精馏柱）、重沸器、缓冲罐组成。一般将上述三种设备组合在一起。再生器的作用是加热富三甘醇溶液，使其中所含的水分被蒸发掉，从而提浓富三甘醇溶液，使之成为贫三甘醇溶液，完成三甘醇的再生。

1. 精馏柱

1）作用

(1) 阻止沸腾的三甘醇进入灼烧炉；

(2) 接收超过 107℃的富液，并对富液进行入釜前的最后预热。

2）结构

精馏柱通常是一个填料塔（图 3-13），装在重沸器的顶部，填料通常是鞍形瓷片，为防止破裂目前一般采用 304 不锈钢环（图 3-14）。重沸器中产生的蒸汽，将从精馏柱填料层向下流动的富甘醇中的水蒸气提走。上升蒸汽中夹带的甘醇在柱顶换热盘管（图 3-15）处冷凝后重新流回重沸器，而未冷凝的蒸汽则从精馏柱顶部排出，被送入灼烧炉燃烧。

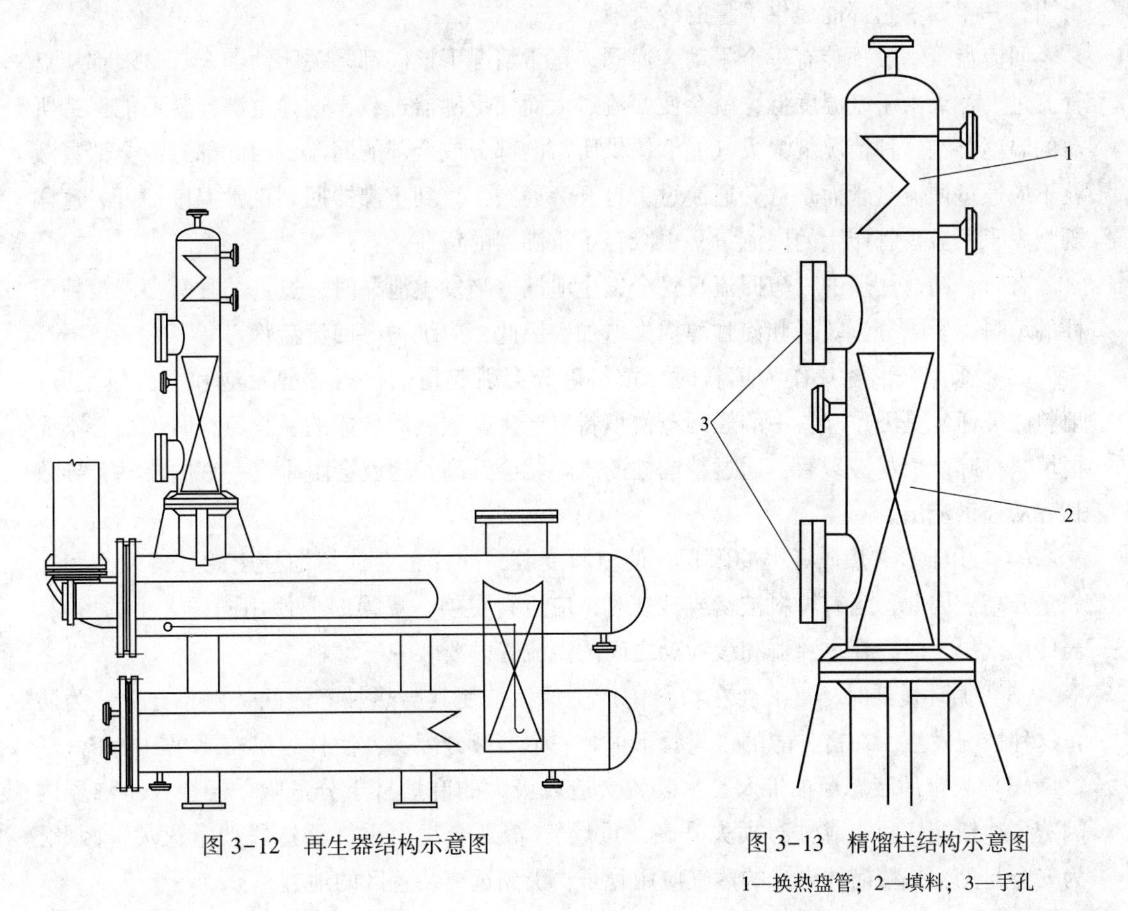

图 3-12　再生器结构示意图

图 3-13　精馏柱结构示意图

1—换热盘管；2—填料；3—手孔

图 3-14　精馏柱填料图

图 3-15　精馏柱换热盘管图

3）操作要点

（1）常压冷凝器靠空气循环来冷却热蒸汽。在天气很热时，由于冷却不充分，甘醇的损失量就会上升。在寒冷的有风天，由于冷凝过度（水和甘醇）使重沸器过载也会使甘醇损失增大。多余的液体会从精馏柱放空管排出。

（2）如果使用汽提气，一般都要安一个内部回流盘管来冷却蒸汽。当使用汽提气时，为防止过量的甘醇损失，对精馏柱而言，回流是关键，因为大量的蒸汽离开精馏柱时会带走一些甘醇。从吸收塔来的低温富液流经柱顶的换热盘管时会产生一定的回流。如果调节得当，一年四季它都能提供等量的冷凝液。

回流盘管一般都装有一个手动旁通阀。正常情况下该阀都是关闭的，全部贫液都从盘管流过。冬天由于气温度低，就会使回流过大而使重沸器过载，这样重沸器就不能保持所需的温度。在这种情况下，大气能够提供所需的部分或全部的回流，因此部分或全部富液就不应通过回流盘管而是从旁通流过。打开旁通阀，直到重沸器回到正常温度即可。这样既减少了回流盘管产生的回流量，也减轻了重沸器的负荷。

有时，精馏柱顶的甘醇回流盘管会发生泄漏。当发生泄漏时，过量的甘醇会淹没精馏柱的填料，影响分流效果和使甘醇损失增加，因此，应维护好回流盘管。

（3）采用鞍形瓷片作为填料时，填料破碎会引起精馏柱内甘醇发泡和损失量上升，填料破裂通常是因重沸器中的烃闪蒸使填料层产生剧烈震动造成的，装填料时应小心不要把填料打碎。填料破裂后，通过精馏柱的压降就会升高，这就会阻碍汽—液的流动，导致甘醇从柱顶流出。

（4）由于盐或焦质烃类的附积，使填料变脏，同样也会使精馏柱中的甘醇发泡和损失量升高。因此，当有填料被堵或破裂时，应进行更换。更换时要使用同样大小的填料。当使用汽提气时，在重沸器和缓冲罐之间的溢流管内要装一层填料。

（5）循环量低时，富液会在填料中产生沟流，使其与热甘醇之间接触不充分。为防止这种情况发生，在富甘醇的入口管下可装一个富液分配器，使甘醇在柱顶均匀分布。

（6）大量的液态烃被带入脱水装置会造成极大的麻烦且十分危险。烃会在重沸器内闪蒸，冲精馏柱和造成甘醇损失升高，重烃气/液还会溢出重沸器造成严重火灾。因此，为安全起见，从精馏柱出来的蒸气应用管子，引到远离装置区的地方。

从精馏柱到排放点，整个放空管线应有一定的斜度，以免冷凝液堵塞管线。如果放空管很长且在地面上，就应在离精馏柱不到20ft（约6.1m）的地方安一个顶部放空管，在长管线发生冰堵时让蒸气放空。放空管尺寸和精馏柱上的放空接口一样或大一些。

在有寒冷、霜冻天气的地方，从精馏柱到排放点，整个放空管都应采取保温措施以防结冰。这可以避免蒸汽冷凝、结冰和管线堵塞。如果出现冰堵，重沸器中产生的水蒸气就会进入缓冲罐，从而使贫甘醇的浓度降低。蒸汽聚积产生的压力还可能引起重沸器爆炸。

2. 重沸器

1）作用

提供热量，打破甘醇羟基与水分子形成的氢键，分离水蒸气而再生三甘醇。

2）结构

现场的脱水装置使用的重沸器一般都采用直燃式火管，用部分干气或站场生活燃料气作为燃料（大型脱水装置的重沸器一般都采用热油或蒸汽加热）。在直燃式重沸器中，加热部件通常是一个U形管（图3-16、图3-17、图3-18）。

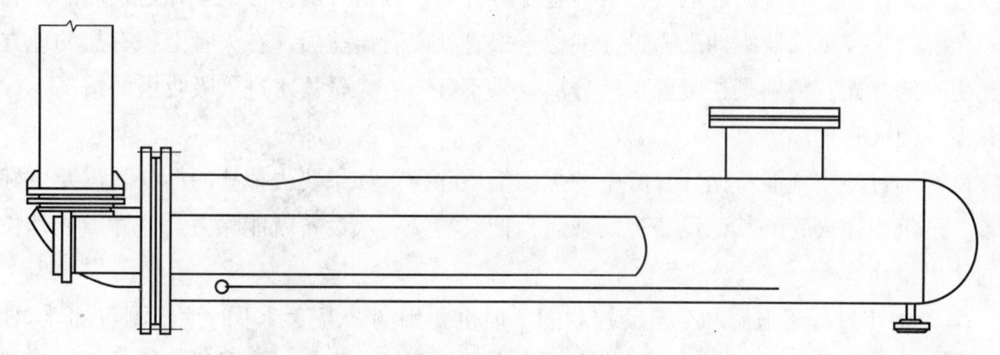

图3-16 重沸器结构图

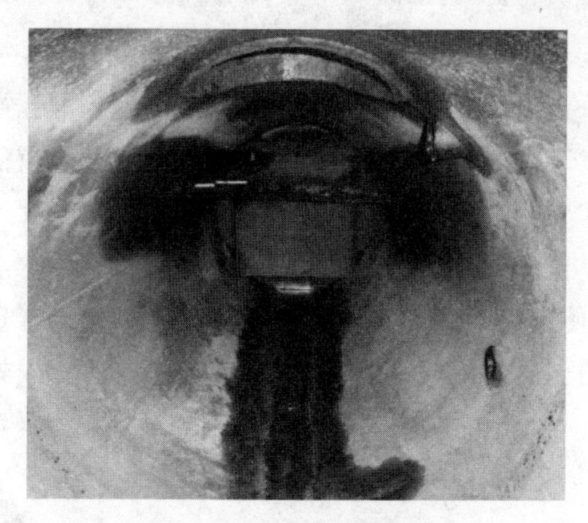

图3-17 重沸器内部图

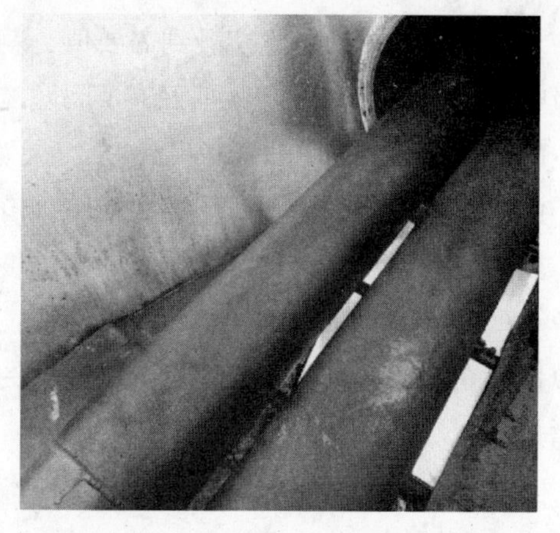

图3-18 重沸器U形火管

3）操作要点

（1）三甘醇在重沸器中的温度应为200℃以下、175℃以上。不使用汽提气，用一般的重沸器再生出的贫甘醇浓度最大约为98.8%。柱顶温度为107℃。

（2）火管应有足够高的热通量，才能有足够的加热能力，但又不能太高以防甘醇分解。热通量太高会使局部区域过热，将引起甘醇热分解。火管的热通量，是衡量火管传热率的一个量，单位为 BTU（英国热量单位）/（$h \cdot ft^2$）（1BTU/h = 0.293W）。为防止甘醇高温分解以及火管被烧坏，引导火焰不能过高，特别是小重沸器内的引导火焰。对于小的脱水装置，由于引导火焰就能提供所需总热量的很大部分，引导火焰要调节正确，它应为一个长的、起伏的淡黄色锥形火焰。

为防止甘醇降解，重沸器温度不能超过表 3-1 的值：

表 3-1　不同甘醇的理论热降解温度

甘醇类型	二甘醇	三甘醇
理论热降解温度	328°F（165℃）	206.7℃

如果重沸器的总体温度保持高于上述值 5℃，甘醇就会变色和缓慢分解。

（3）如果火管上有焦质或盐等污垢，其传热率就会下降，火管就可能被烧坏。局部温度过高，特别是有盐垢的地方，会引起甘醇分解。分析甘醇样品就能知道杂质的量和类型。在晚上关掉重沸器中的火嘴，仔细检查火管就能看出盐垢。在火管上积有盐的地方能看到明亮的红光。特别是在装置来气分离效果不好、有大量盐水进入吸收塔的情况下，盐垢会很快使火管烧坏。

良好的过滤措施能将循环甘醇中的焦质物质除掉。如果要去掉盐的话，就需要更好的设备。已沉积在火管的其他设备上的杂质，彻底清洗一次设备就能除去。这样做能延长设备的使用寿命。

（4）加热过程是恒温和全自动控制的。但也要用测试温度计不时地检测重沸器温度，确保记录的温度准确。当设备在低于设计能力的情况下工作时，如果温度波动过大，就降低燃料气的进气压力。保持温度恒定能使重沸器更好地工作。

如果重沸器温度不能升到需要值，就需要将燃料气压力升高到约 0.21MPa，如果烃从吸收塔流进了重沸器，只有解决了问题之后，温度才能升高。重沸器的火嘴上的标准孔产生的热量值为 1000~1100BTU/（$s \cdot ft^3$天然气）（1BTU = 1055.056J）。如果燃料气的热值低于此值，就必须装大一些的孔眼或将现有孔扩大到需要的尺寸。

在启动装置时，一定要重沸器的温度先达到操作值后才让湿气进入吸收塔。

（5）重沸器必须水平安装。安装不平会使火管烧坏，它应安装在离吸收塔较近、足以保证在寒冷天气时贫液温度不至过低的地方，这样能避免吸收塔内的烃冷凝和甘醇损失增加。

3. 缓冲罐

1）作用

设备通常都装有一个甘醇热交换盘管，让从重沸器流下来的贫甘醇冷却以及给到精馏柱去的富甘醇预热。

2）结构

缓冲罐主要由富液/贫液换热盘管、燃料气/贫液换热盘管组成。缓冲罐一般不采取保温措施，也可采用水冷却的办法来帮助控制贫甘醇的温度。缓冲罐结构详见图 3-19、图 3-20、图 3-21。

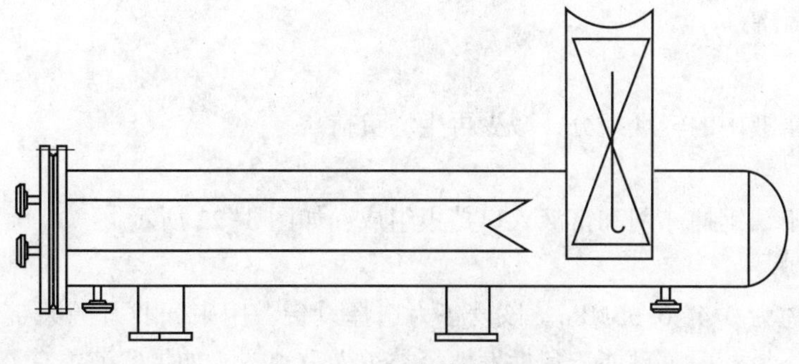

图 3-19　缓冲罐结构图

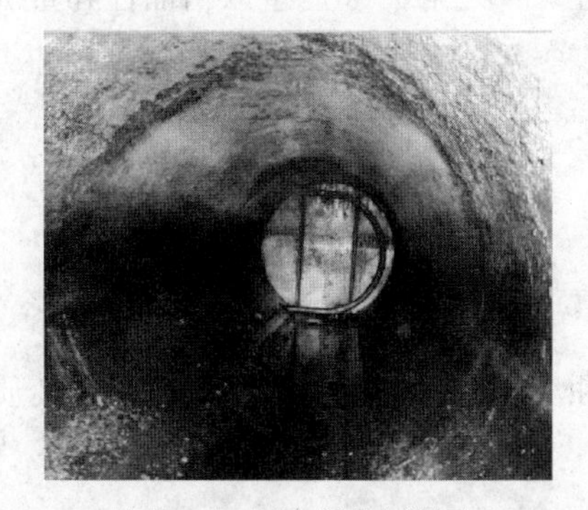

图 3-20　缓冲罐内部图

图 3-21　缓冲罐换热盘管

3）操作要点

（1）常规甘醇再生设备都不采用汽提气，所以缓冲器必须放空以防罐内集气。水蒸气被积在罐内会引起甘醇泵气锁，因此在罐顶一般都设有放空接口。

（2）缓冲罐应经常进行检查，看是否有油泥沉积和罐底是否集有重烃；要保持换热盘管的清洁，保证换热效率，同时还应防腐；如果换热盘管有泄漏，富液即会稀释贫液。要经常检查罐内液位，玻板液位计的液位显示要保持不变；同时，应保持干净，保证最佳液位。液位下降时应添加甘醇，记录添加的甘醇量，但要注意不能加得太满。

（3）使用气体覆盖层是为了防止重沸器与缓冲罐间的甘醇接触（将少量的低压气注入缓冲罐内即可）。覆盖气从缓冲罐随着管子上升到精馏的底部，并随水蒸气一道从精馏柱顶排出，排除了空气，避免由于缓慢氧化而引起的甘醇降解；又平衡了重沸器和缓冲罐之间的压力，避免了在重沸器中回压过大的情况下，这些设备之间的液体密封受损。

该设备通常都装有一个甘醇热交换盘管，让从重沸器流下来的贫甘醇冷却和给到精馏柱去的富甘醇预热。通过罐体表面的热辐射，贫甘醇也能降一些温。因此，缓冲罐一般不采取保温措施，也可采用水冷却的办法来帮助控制贫甘醇的温度。

放空管都应接得远离处理设备，但一般不与精馏柱的放空管相连，以免已提浓的甘醇被水蒸气稀释。有些脱水装置在缓冲罐内设有干气覆盖层（无空气或氧气），因而在这种缓冲罐上一般就不要单独的放空管。覆盖气一般用管子通过罐顶的放空接口注入。覆盖气一般是采用燃料气。当要使用覆盖气时，一定要注意覆盖气阀门、管子和流量计是否打开有气通过。只需要很小的气流就能防止重沸器中的蒸气进入缓冲罐污染贫甘醇。

（五）闪蒸罐

1. 作用

除去进入富液中的轻烃组分，减少再生塔负荷。

2. 结构

闪蒸罐由不锈钢捕沫网和富液入口挡板组成，如图 3-22 所示。

3. 操作要点

闪蒸罐压力为 0.4~0.55MPa。该设备为选择设备，用来回收甘醇泵带出的天然气以及富液中的气态烃。闪蒸罐能避免挥发性烃类进入重沸器。如果实液中有液态烃，在进入精馏柱和重沸器之前，要先用三相分离器将这些液态烃除掉之后，才能进入精馏柱和重沸器。实液在闪蒸罐中的停留时间为 20~40min，依烃的种类和起泡数量而定。依烃的种类不同，可以把它置于缓冲罐的前、后。

（六）机械（活性炭）过滤器

1. 活性炭过滤器

1）作用

除去被入口分离器不能除尽的原料气携带的固相和液相杂质、烃类物质、三甘醇变质产物、设备腐蚀产物等。

2）结构

活性炭过滤器内部为单筒状滤芯，见图 3-23。

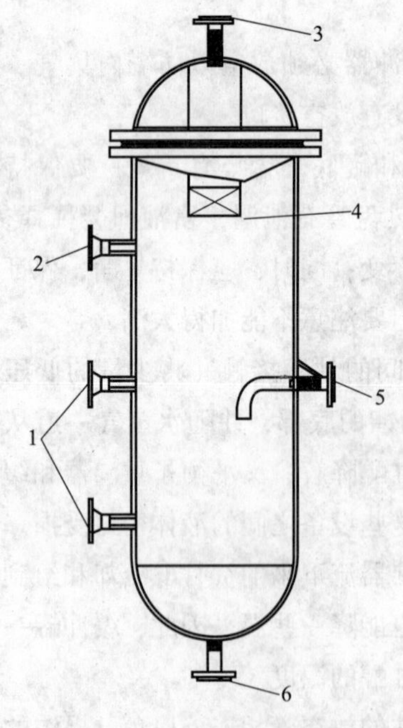

图 3-22　闪蒸罐结构图

1—液位计口；2—甘醇入口；3—闪蒸气出口；
4—捕雾网；5—甘醇出口；6—排污口

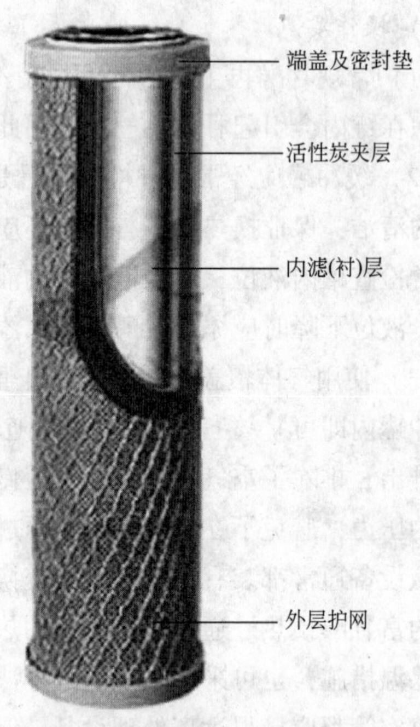

图 3-23　活性炭滤芯

3）活性炭过滤器的使用

活性炭能滤去甘醇中的烃、气井处理化学剂、压缩机油和其他杂质，从而有效地消除大部分起泡问题。用活性炭净化甘醇可将两个活性炭过滤器串联起来使用，其配管布局应当便于过滤品的装卸和互换使用。大型脱水装置中应约有2%的甘醇通过活性炭，而小型脱水装置的甘醇可全部通过。每个过滤器的处理能力为每min通过每in^2截面积的甘醇为2gal［$2gal/(in^2 \cdot min)$］，过滤器的长和直径比（L/D）约为3：1~5：1，有时甚至为10：1。

活性炭过滤器应设计成在炭上附满杂质后能用水反冲将杂质冲掉的形式。为此，应在来液进口分配器和排水口之间在炭层上加装一个挡筛，筛网的尺寸应小于炭粒直径，以免把炭粒冲掉。使用液体分配器的目的是避免甘醇在通过活性炭时形成沟流。

筛网的尺寸以及活性炭过滤器炭层底部的支撑网都要认真挑选，避免其被炭粒卡住，使炭保持在过滤器里。反冲用水的入口应安在过滤器底部支撑网下面。

再生或更换活性炭的时间一般都根据甘醇的颜色来决定，也可以用甘醇通过炭后的压降来确定。甘醇通过炭层压降正常情况下，一般只有$1 \sim 2lbf/in^2$。如果压降达到$10 \sim 15lbf/in^2$，就说明炭中已完全塞满了杂质。

有时也可以用蒸汽来清除炭中的杂质，但这种方法很危险，成功的事例很少。无论哪种形式的活性炭净化装置，都应放在固体机械过滤器的下游，这样才能提高活性炭的吸附效率和使用寿命。

2. 机械过滤器

机械过滤器结构、作用与活性炭过滤器类似，都是单筒状滤芯，主要用于除去被入口分离器不能除尽的原料气携带的固相杂质、设备腐蚀产物。

（七）板式换热器

1. 作用

流体从管口进入金属波纹板之间的通道，冷、热流体进入相邻的通道，热量通过薄金属板进行换热。

2. 结构

板式换热器由一系列具有一定波纹形状的金属板叠装而成，各板片之间形成许多小流通断面的流道（图3-24）。其现场安装图见图3-25。

3. 操作要点

在日常生产中，生产班组应按照巡检制度的要求，对板式换热器的运行情况进行监控，主要有以下几个方面：

（1）外部检查：是否有水滴或泄漏。

（2）性能监测内容：

① 压差是否正常，以避免结垢严重造成堵塞。

② 温度是否正常，以确保换热效果。

③ 流量是否正常，尽量保持操作中的流量与设计流量相符。在低流速时，压降和换热效率同时下降。操作流量远远小于设计流量时会加速换热器的结垢。

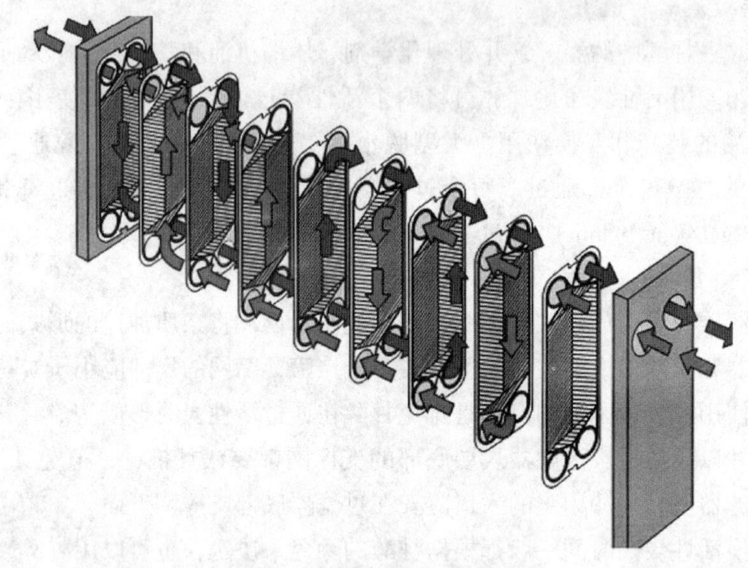

图 3-24　板式换热器换热原理图

图 3-25　板式换热器现场安装图

④ 避免流体的流量突变，以防止液力冲击和由于热膨胀和收缩产生的疲劳效应，在脱水装置调节甘醇循环量时应缓慢。

为防止板式换热器结垢和堵塞，应严密监控板式换热器前两级机械过滤器和一级活性炭过滤器的过滤效果，及时更换滤芯，确保过滤效果。

（八）灼烧炉

1. 作用

处理再生器在甘醇再生过程中产生的有害尾气，再生气从灼烧炉燃烧混合室底部进入，被燃烧器产生的热量加热变成过热蒸气，其密度变小，在烟囱的抽吸作用下与热空气从烟囱顶部排向大气中。

2. 结构

灼烧炉主要由筒体、火头、点火器等组成，其结构见图 3-26。

3. 操作要点

灼烧炉内壁有保温层，生产时注意保护保温层，灼烧炉一旦有滴液现象，要查看灼烧炉内积液盘是否损坏，灼烧炉顶遮雨帽是否锈蚀已坏。

二、分子筛脱水流程主要的工艺设备

（一）吸附塔

1. 主要作用

提供天然气与分子筛脱水吸附场所。

2. 结构原理

吸附塔内部结构如图 3-27 所示。现场图见图 3-28。

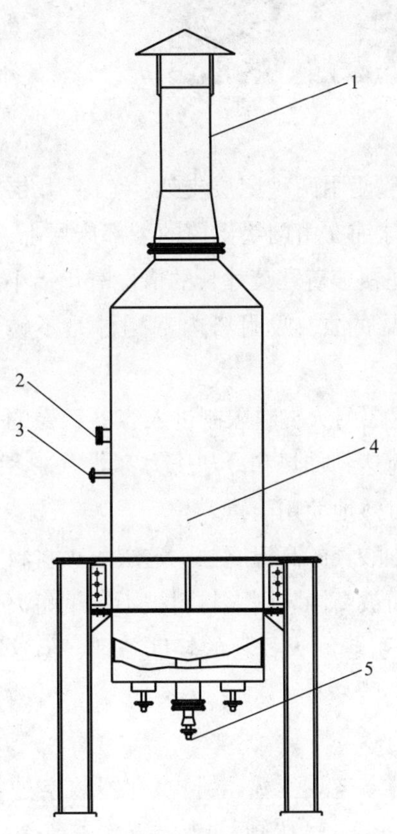

图 3-26　灼烧炉结构图

1—烟道；2—再生气进口；3—闪蒸气入口；
4—燃烧混合室；5—燃烧器

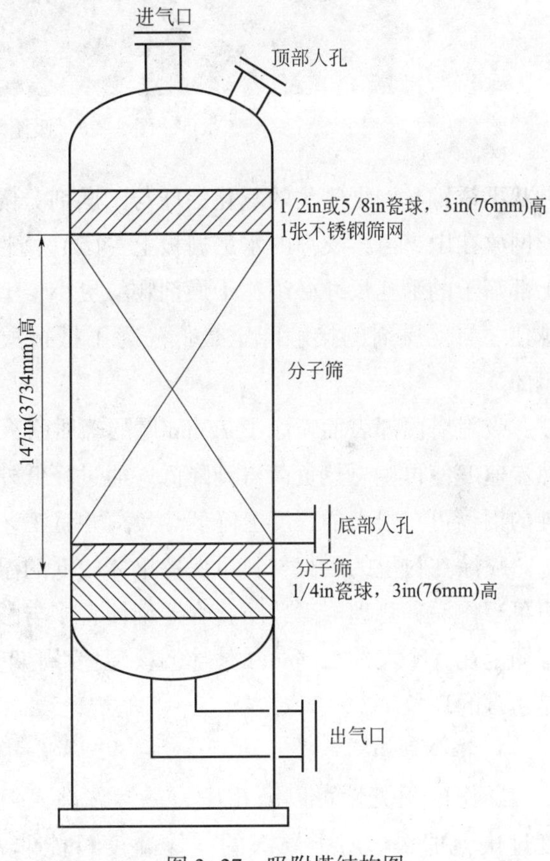

图 3-27　吸附塔结构图

吸附塔入口处安装有配气板，分布均匀的气体进入床层是非常重要的，配气板可防止气体出现沟流现象和防止干燥剂损坏。湿的原料气和再生气都不应该直接与床层接触。入口气体分配板带有降低气体速度放射状设计，这个配气板可较好地分配原料气。干燥剂床层上铺有一层氧化铝球可改善气体分布，并将床层颗粒的移动减到最低程度。柔韧性好的

图 3-28　吸附塔现场图

网状不锈钢丝网把密集的氧化铝球与干燥剂分隔开。通常使用两种床层支架：(1) 几层丝网放在由支撑梁支撑的水平栅板上；(2) 惰性氧化铝球铺在由网垫支撑的下部床层上。上部筛子的筛孔尺寸必须比干燥剂颗粒更小，上部筛子还覆盖着几英寸长的惰性氧化铝小球使之与干燥剂的接触降至最低。为了抵抗酸气的高温腐蚀，吸附塔内部构件是不锈钢的。

吸附塔内部表面喷涂了 75mm 厚的轻质耐火材料。这层耐火材料限制进入容器钢壳的热流速度使再生总热负荷得到降低。通过降低外来热负荷达到加热和冷却压力容器中许多吨的钢，可在很大的程度上降低热负荷并且工艺将更加有效地使用能量。

喷涂在衬里的耐火材料可保持钢体较低的温度并防止酸气的高温腐蚀。这层耐火材料也可当作一种物理屏障，防止容器钢体直接与酸气接触而被腐蚀。耐火材料被不锈钢耐火锚固定在一个大约 150mm 的栅格上。温度周期变化可能引起耐火材料的轻度破裂，但这是正常的现象。

3. 操作要点

操作的预见性可以防止压力突然波动，但仍然经常被忽视。如果脱水容器放空速度过快，那么床层中局部的气体速度可能非常高，造成床层移动、摩擦，甚至在气流中带走干燥剂颗粒。建议升压速度限制在小于 350kPa/min 的范围内，降压速度控制在低于 200kPa/min 的范围内，避免造成干燥剂破损和损坏容器内部构件。然而在紧急情况下，必须尽可能快地完成降压动作，在这种情况下可以不遵循上面建议的降压率。

4. 设计参数

凉风站 50 万分子筛脱水装置吸附塔设计压力 10.48MPa，目前工作压力 5.0～5.5MPa。设计处理流量 $50\times10^4 m^3/d$。

（二）加热炉

1. 主要作用

对再生气进行加热，提供分子筛再生用的高温再生气。

2. 结构原理

直焰炉分为燃烧器和炉膛两部分，燃烧器在下部，炉膛在上部。一个带有外部空气鼓风机的短焰燃烧器用于产生燃烧，燃料气和空气通过燃烧器风门调节器进行混合，又通过燃烧器产生 704~760℃高温热空气，高温热空气对流流过炉膛上部的翅状盘管加热再生气。炉膛上部热空气有 2 个出口，1 个出口通过烟囱排出到大气，另一个通过热循环鼓风机进行再次循环利用。根据设计，剩余热量的 2/3 会通过循环鼓风机再次得到利用。加热炉结构、现场图见图 3-29、图 3-30。

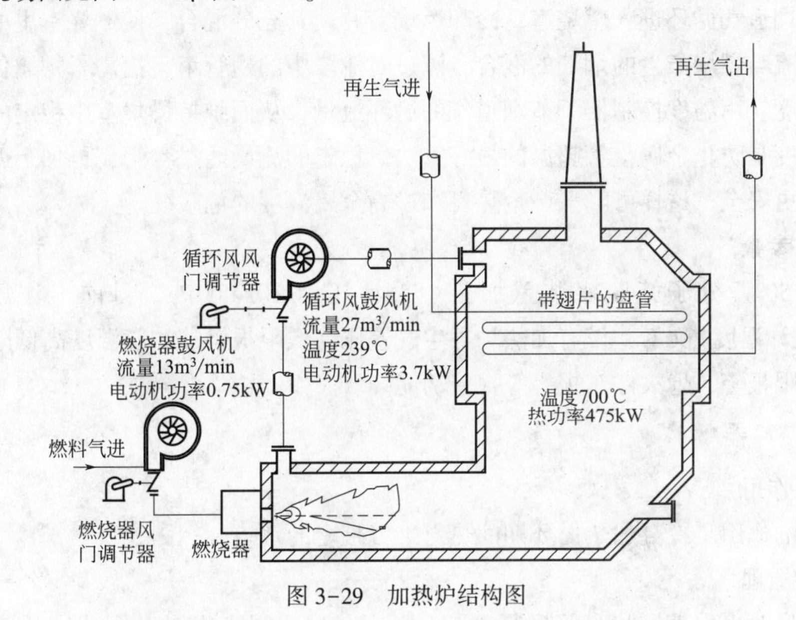

图 3-29　加热炉结构图

图 3-30　加热炉现场图

3. 操作要点

为了匹配加热处理和冷却处理的要求，加热炉的工作周期是50%运行和50%停运。在循环的加热阶段，燃烧炉开火；在冷却阶段，燃烧炉关闭。为安全起见，通过加热炉盘管的流量绝不能停止。在冷却阶段，燃烧炉关闭，所以辐射热立刻停止。压力鼓风机继续运转，使燃烧室尽可能快地冷却，并冷却盘管束本身。

任何直焰炉最重要的方面就是对辐射部分的设计。辐射部分的热量是由燃料气的燃烧释放出的，并且主要以辐射的方式传递给流过管子的再生气。总热负荷的大部分热量通过辐射段传递，同时剩余热的传递发生在对流段阶段。更重要的是，在辐射区域传热速度最快、最高的烟气和金属温度最高。在加热炉的辐射部分，气体温度和热通量的变化比较大；相应地，烟气和金属温度的变化也很大。为了稳定这个区域里的热通量和温度变化，一部分出口烟道气循环进入燃烧室，冷却燃烧室并使其充分混合，使燃烧室里的温度更均衡。循环气流与燃烧产生的烟气的混合，流过对流段中的翅管束，提高了物质传递速度和对流传递速度。用温度控制器调节烟道气的循环流量，从而维持燃烧室中稳定的温度。控制燃烧室温度是防止金属盘管超温的最好方法。稳定的流量通过盘管，再加上循环的烟道气使加热炉更安全，这样可降低产生热斑和过高金属温度的危险。

4. 设计参数

凉风站50万分子筛脱水装置加热炉设计压力10.48MPa，目前工作压力5.0~5.5MPa，设计温度700℃，设有加热炉再生气差压高低限报警、炉膛温度高低限报警、烟囱温度高低限报警、熄火停车报警等报警功能。

（三）空冷器

1. 主要作用

空冷器的作用是冷凝加热循环期间热再生气带走的水。

2. 结构原理

通过风扇对再生气翅状盘管进行冷却，并通过出口温度来自动调节排风口百叶窗开度，进而控制再生气出口温度。空冷器现场图见图3-31。

图3-31　空冷器现场图

3. 操作要点

为了避免生成水合物，在冬季空冷器百叶窗将自动关闭，这样可限制空气流量，并避免再生气被过度冷却。加热期间气体正常的出口温度是49℃，而在冷却期间气体温度将低于这个值。只要气体温度在水合温度以上，那么冷却期间低于49℃的气温对工艺生产也没有害处。

4. 设计参数

凉风站50万分子筛脱水装置空冷器设计压力10.48MPa，目前工作压力5.0～5.5MPa。再生气连续不断地流过再生气冷却器，当气体冷却到49℃时，气体将析出前面吸附循环期间吸附的水。进入冷却器的气体的温度在30℃到接近260℃的范围内变化，其中260℃是加热循环结束时的最高温度。

三、J-T阀脱水流程主要的工艺设备

（一）J-T阀

1. 作用

J-T阀是脱水装置中的核心设备，主要是使高压的天然气经过节流降低温度，使气体中的水蒸气冷凝达到脱水的效果。

2. 结构

其原理和普通的调节阀原理基本一样，以Mokveld调节阀（J-T阀）为例，内部结构如图3-32所示。现场图见图3-33。

J-T阀与普通调节阀比较有以下特点：（1）控制能力强；（2）C_v（阀门特性曲线）值大，低压降（流量控制）；（3）大压差控制（压力控制）；（4）气流噪声低；（5）多层冲击RMX阀芯具有多层多通道笼套，利用摩擦、碰撞方向改变使压力逐级降低，控制流速，消除磨损和振动。

3. 操作要点

使用时现将阀门处于关闭状态，根据脱水装置出站压力和脱水后气体的温度来控制J-T阀阀门的开度。

4. J-T阀维护及保养

1）日常维护

（1）要求维护人员每周巡检一次，了解运行状况。

（2）对填料部分、手轮等动密封每6个月润滑一次。

（3）阀未到全关位置：

① 重新调整弹簧范围及行程；

② 阀杆弯曲，在车床上校正；

③ 阀芯、阀座间有异物，取出；

④ 阀芯、阀笼间有异物或间隙过小，卡死，取出异物或加大间隙。

（4）阀芯能关到位，泄漏量仍超差。

① 阀芯、阀座间阀线有缺陷，研磨阀线，使其全部接触；

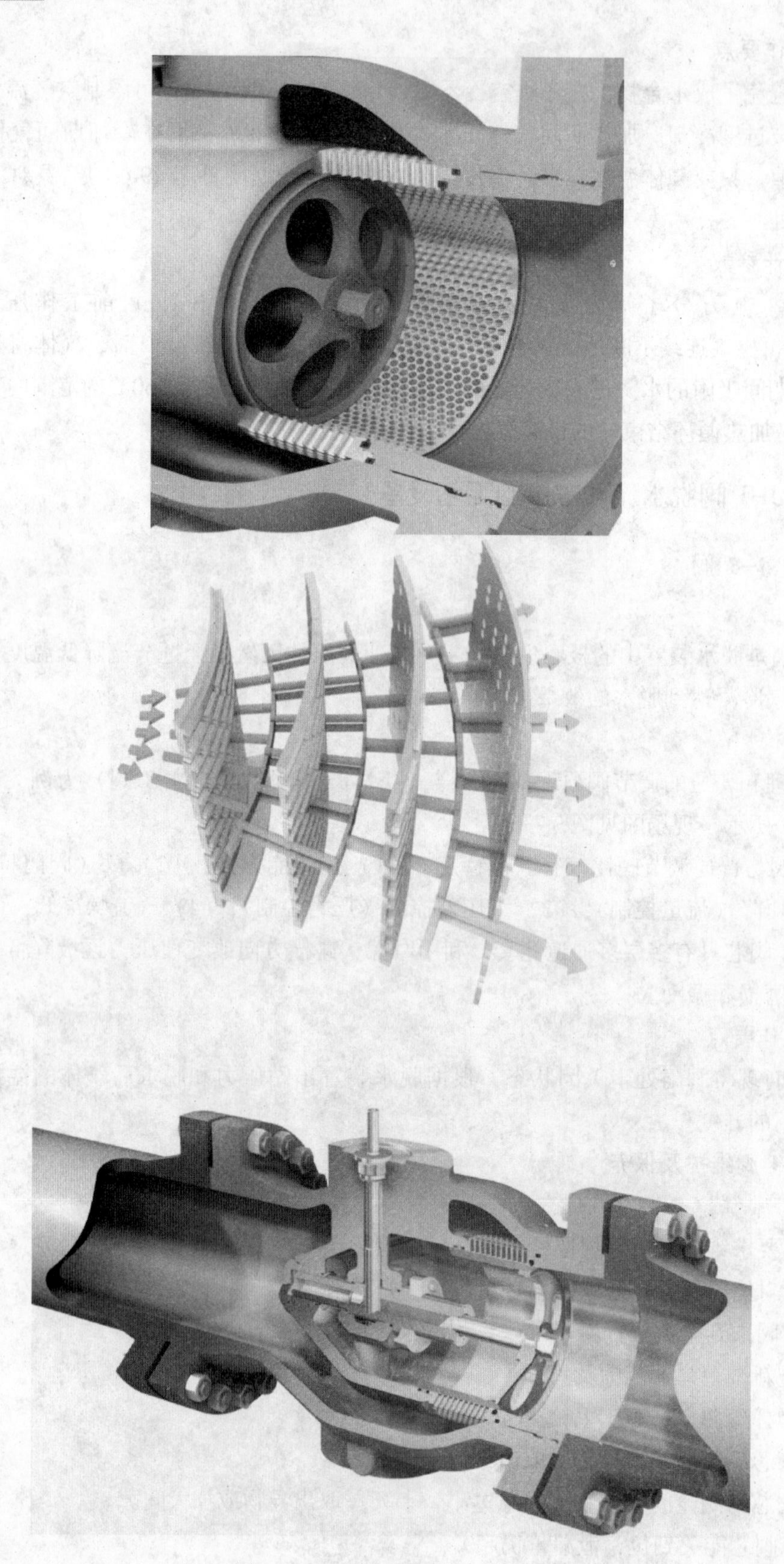

图 3-32　J-T 阀内部结构示意图

图 3-33　J-T 阀现场图

② 阀芯导向差，阀线局部接触，检查导向并校正；

③ 阀座下方垫片失效，更换；

④ 阀体内有砂眼，补焊或更换阀体。

（5）J-T 阀无动作：

① 无供气压力或压力小，找出供气管路漏点并消除；

② 膜片或密封环损坏，更换；

③ 阀杆弯曲或导向件卡死，校正阀杆或导向；

④ 填料过紧，摩擦力过大，松填料或加润滑油。

（6）J-T 阀动作不稳定：

① 供气压力不稳定或输出信号不稳定；

② 定位器气路有振动，检测并检修定位器；

③ 介质压差变动引起阀杆不稳，降低压差或选用大执行机构；

④ 阀杆（阀芯）外摩擦力大，检查填料及上阀盖是否装偏。

（7）调节阀动作不灵活：

① 阀芯与导向套间有杂物或间隙小，清洗杂物或加大间隙；

② 填料硬化或过紧，更换或松动填料。

（8）J-T 阀振动：

① 管道支撑不稳；

② 阀附近有振动源；

③ 阀内中导向摩擦严重；

④ 节流零件引起振动，改变阀内件形状（改变流量）；

⑤ C_v 值选用太大，改选小 C_v 值阀。

(9) 填料渗漏：

① 填料损坏，更换填料；

② 填料松动，压紧；

③ 阀杆划伤，更换或修复阀杆。

2) 检修内容

(1) 中修。

① 拆卸阀盖，检查、修理及更换阀内组件；

② 检查处理密封面；

③ 检查、补充或更换填料及润滑油脂；

④ 复位调试及行程确认，对动作时间有要求的要进行相应的确认；

⑤ 对执行机构出现明显故障进行修复，如更换膜片、密封环、垫等。

(2) 大修。

① 气缸及膜头检查、调校，必要时更换；

② 阀内件解体检查，包括阀杆、阀芯、阀笼、阀座、阀板、密封环、转动轴承，隔膜阀的隔膜等；

③ 对解体零件清洗，加油；

④ 对损坏零件进行修复或更换；

⑤ 防雨帽、阀位指示牌、防护罩等附件齐全、完好；

⑥ 对各易损件如填料、垫等，进行更换；

⑦ 氧气介质阀门做脱脂处理。

(二) 低温分离器

1. 作用

低温分离器是对节流后原料气进行分离，以分出液态醇水液。

2. 结构

低温分离器结构与立式重力式分离器结构相似，外部保冷材料为聚异氰脲酸酯泡沫，保冷厚度为100mm，其结构图如图3-34所示。

3. 操作要点

低温分离器的操作压力，系根据采气装置管线的输压来确定；操作温度，则根据脱水后天然气露点和所要得到的液烃组分的回收率来确定。同时，根据装置设备的回收条件和稳定工艺的特点，确定低温分离器的操作温度。低温高效分离效率≥99.6%，工作温度为-10℃，工作压力为7.61MPa。

(三) 原料气预冷器 (管壳式换热器)

1. 作用

(1) 自乙二醇再生及注醇装置来的乙二醇贫液（质量分数80%）通过雾化喷头呈雾状喷射入原料气预冷器的管板处，和原料气在管程中充分混合接触。

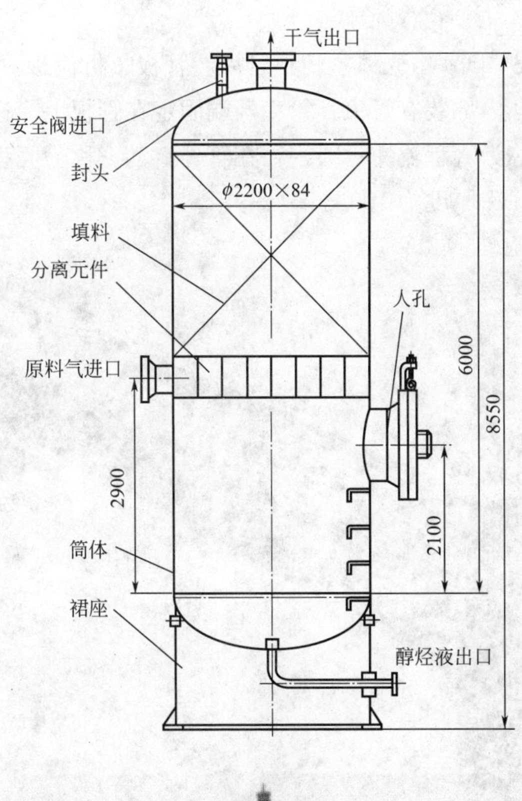

图 3-34 低温分离器结构示意图及现场图

（2）原料气进入预冷器（管程）与自低温分离器来的冷干产品气（壳程）进行逆流换热，使得原料气被冷却至约 0℃，换热后的干产品气约 16. 85℃。

2. 结构

原料气预冷器（图 3-35）由壳体、传热管束、管板、折流板（挡板）和管箱等部件组成。壳体多为圆筒形，内部装有管束，管束两端固定在管板上。进行换热的冷热两种流体，一种在管内流动，称为管程流体；另一种在管外流动，称为壳程流体。外部保冷材料为聚异氰脲酸酯泡沫，保冷厚度为 100mm。

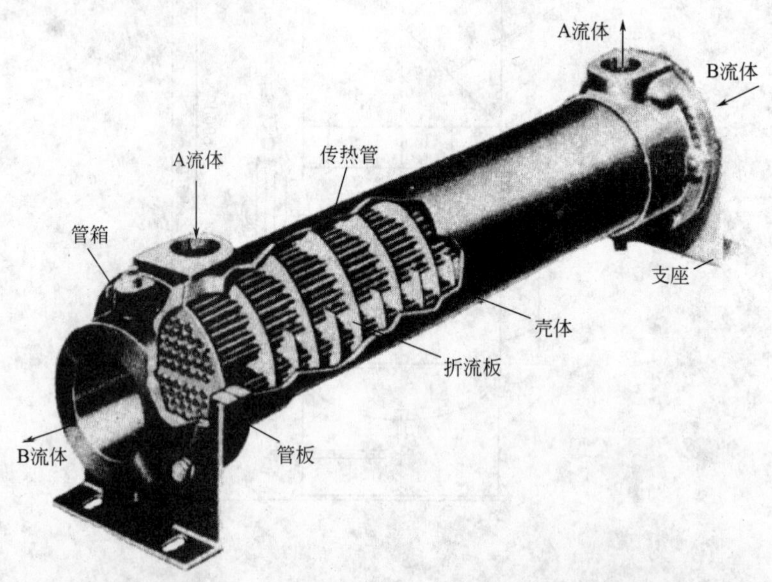

图 3-35　原料气预冷器结构示意图及现场图

3. 操作要点

原料气预冷器，管程的工作介质为原料天然气、乙二醇，其工作温度为 0~26℃，其工作压力为 12.4MPa。壳程为产品天然气，其工作温度为-10~16.86℃，其工作压力为 9.61MPa。

4. 换热器的维护及保养

1）维护

（1）严格执行操作规程，确保进、出口物料的温度、压力及流量控制在操作指标内，防止急剧变化，并认真填写运行记录。严禁超温、超压运行。

（2）换热器在运行中，操作人员应按岗位操作法的要求，定时、定点、定线进行巡回检查，每班不少于两次。检查内容为：

① 介质的温度、压力是否正常；

② 壳体、封头（浮头）、管程、管板及进出口等连接有无异常声响、腐蚀及泄漏；

③ 各连接件的紧固螺栓是否齐全、可靠；各部仪表及安全装置是否符合要求，发现缺陷要及时消除；

④ 换热器及管道附件的绝热层是否完好。

2）清洗

（1）清洗管程和壳程积存的污垢。

（2）更换垫片。

3）修理

（1）清理换热器的壳程、管程及封头（浮头、平盖等）积存的污垢。

（2）检查换热器内部构件有无变形、断裂、松动，防腐层有无变质、脱落、鼓泡以及内壁有无腐蚀、局部凹陷、沟槽等，并视情况修理。

（3）检查修理管束、管板及管程与壳程连接部位，对有泄漏的换热管进行补焊、补胀和堵管。

（4）检查更换进出管口填料、密封垫。

（5）检查更新部分连接螺栓、螺母。

（6）检查校验仪表及安全装置。

（7）检查修理静电接地装置。

（8）检查更换管件、阀门及附件。

（9）修补壳体、管道的保温层。

（四）导热油炉

1. 作用

热油系统为机械闭式循环，导热油为热载体，利用导热油循环泵，强制液相循环，将热能输送至工艺装置和采暖换热器，经换热后，温度降低继而返回导热油锅炉重新加热。在J-T阀脱水装置中导热油炉主要是加热导热油，给乙二醇再生塔提供热源，加热乙二醇富液。

2. 结构

全自动燃气导热油炉供热系统装置（图3-36）包括：全自动燃气导热油炉、燃烧器、膨胀罐、储油罐、热油循环泵、注（卸）油泵、油过滤器、燃料气气液分离器等。

3. 维护保养

导热油炉系统也需要进行日常检查和定期的保养，确保安全的基础上，使设备长久、正常运行：

（1）检查导热油炉及加热系统运行情况是否正常；

（2）检查各安全仪表及附件是否工作正常；

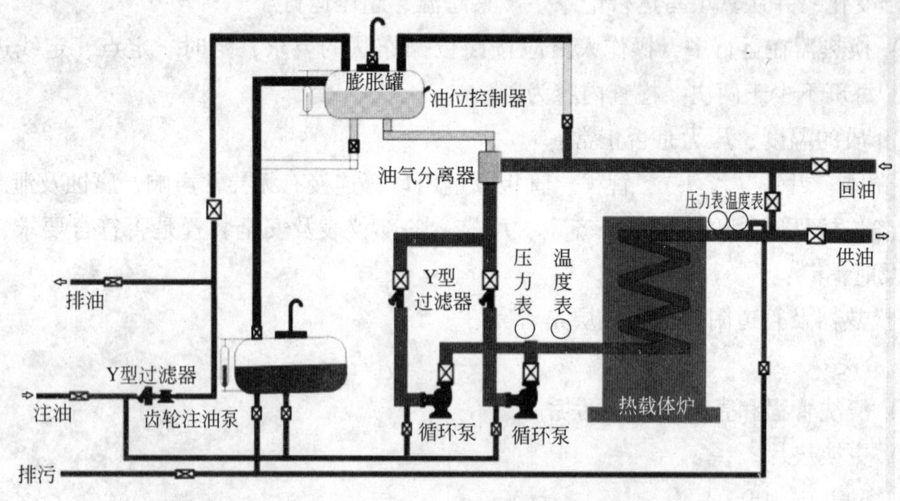

图 3-36　全自动燃气导热油炉供热系统结构及现场图

(3) 各辅助装置和阀门是否开启自如，动作灵活；

(4) 各连接法兰螺栓、垫片是否密封可靠；

(5) 定期检查导热油各项指标，禁止混入其他物质。

第二节　脱水装置机泵设备

一、甘醇循环泵

甘醇循环泵是脱水装置中唯一的转动部件，它将贫三甘醇溶液从低压升为高压并进入吸收塔，常用甘醇循环泵有三种驱动方式：高压气体驱动；高压液体驱动；电动。没有三甘醇循环，脱水装置就无法进行天然气脱水，为此一套装置中都安装有两台三甘醇循环泵，互为备用，以确保脱水装置的顺利运行。脱水现场目前使用较为广泛的三甘醇循环泵是 union 泵和甘醇能量循环泵。

（一）union 泵

union 泵是由美国 UNION 公司生产的电动柱塞泵。

1. 作用

将贫三甘醇溶液从低压升为高压并进入吸收塔，为脱水装置提供源源不断的贫甘醇。

2. 结构原理

union 泵包括电动机、皮带轮、皮带、曲轴、轴承、连杆、十字头、柱塞、柱塞套、单向阀等。结构原理及现场图见图 3-37、图 3-38。

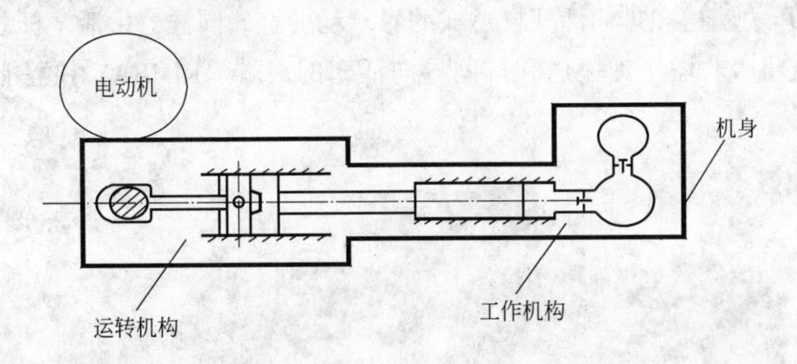

图 3-37　union 泵结构及工作原理图

union 泵工作原理是利用电动机带动曲轴旋转，由曲轴带动十字头做往复运动，十字头再通过活塞杆带动柱塞在柱塞套内做往复运动。由于柱塞在柱塞套内的来回运动与单向阀相应的开闭动作相配合，使泵腔体内三甘醇依次实现膨胀、吸液、压缩、排液四个过程，不断循环，将贫甘醇升压，源源输送到吸收塔。

图 3-38　union 泵现场实物图

3. 操作要点

union 柱塞泵启用、停用、解体、清洗、调节流量都应严格按照操作规程，以避免不应有的损失。

（1）曲轴箱油位是否在指定油位，润滑油应使用 40#CD 级美孚机油。机油应干净无杂质，并注意适时换油。

（2）填料密封处的漏损量每分钟不超过 5~8 滴。若漏液量超过时，应适当旋紧填料盒压盖，但不得使填料处温升过高，致使烧坏柱塞和密封填料。

（3）泵在运行中主要部位温度规定如下：电动机允许最高温度为 70℃，曲轴箱内润滑油不超过 65℃，填料盒不超过 70℃。

（4）泵运转是否平稳，听声音是否正常，观察皮带是否打滑，压力波动是否正常。

（5）运转 4500h 以后，应拆机检查和清洗零件，对连杆衬套、柱塞、单向阀、阀座等易磨件视其磨损情况进行更换，以消除间隙过大产生的撞击声。

（二）甘醇能量循环泵

1. 工作原理

脱水装置的甘醇能量循环泵采用的是美国KIMRAY公司生产的，其具有工艺独特、结构精巧、密封性良好、可靠性高以及节能和便于操作维护等诸多特点。KIMRAY三甘醇泵也称甘醇能量转换泵，利用吸收塔出来的高压富甘醇与来自再生装置的低压贫甘醇进行能量交换，将高压富甘醇变为低压富甘醇离开循环泵，而低压贫甘醇变为高压贫甘醇进入吸收塔。

甘醇泵两个基本单元的动作相互依赖、相辅相成。由导向活塞启动的导向“D”型滑块轮流将吸收塔压力输送和排向活塞杆总成的对端动力缸。同样，由活塞杆总成启动的泵“D”型滑块轮流将吸收塔压力输送和排向导向活塞的对端。KIMRAY甘醇能量循环泵实物图见图3-39。

图3-39　KIMRAY甘醇能量循环泵实物图

如图3-40和图3-41所示，从吸收塔来的富甘醇（红色）流经4#口，通过速度控制阀调节后，到泵活塞总成左端，从左至右推动活塞总成；在将左边气缸中的贫甘醇（蓝色）泵入吸收塔的同时，从重沸器来的贫甘醇（绿色）则填入右边气缸。同时富甘醇（黄色）正从泵活塞总成的右端排向低压系统或常压系统。

当泵活塞总成靠近其冲程端时，活塞杆的定位环同限位器右端接触。活塞再往右移，“限位器”和泵的“D”型滑块打开1#口（与高压相通），连通2#和3#口。通过2#和3#口从“导向活塞”的左端将高压富甘醇（红色）排向低压（黄色）富甘醇系统。同时（先前与3#口连通的）1#口允许（红色）高压富甘醇流向“导向活塞”的右端，从右到左地运动导向活塞和活塞的“D”型滑块。

在其新位置，导向“D”型滑块打开5#口（与高压富甘醇系统相连），并连通4#和6#口。通过4#口和6#口高压富甘醇（红色）从泵活塞总成的左端排向低压（黄色）富甘醇系统。现在（不与6#口连通的）5#口允许高压富甘醇（红色）通过右手边的速度控制阀

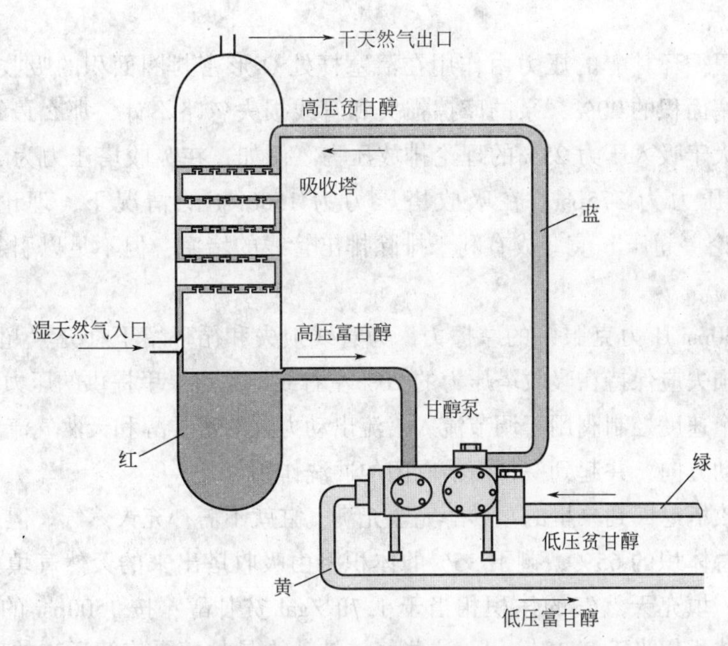

图 3-40 KIMRAY 甘醇能量循环泵功能图

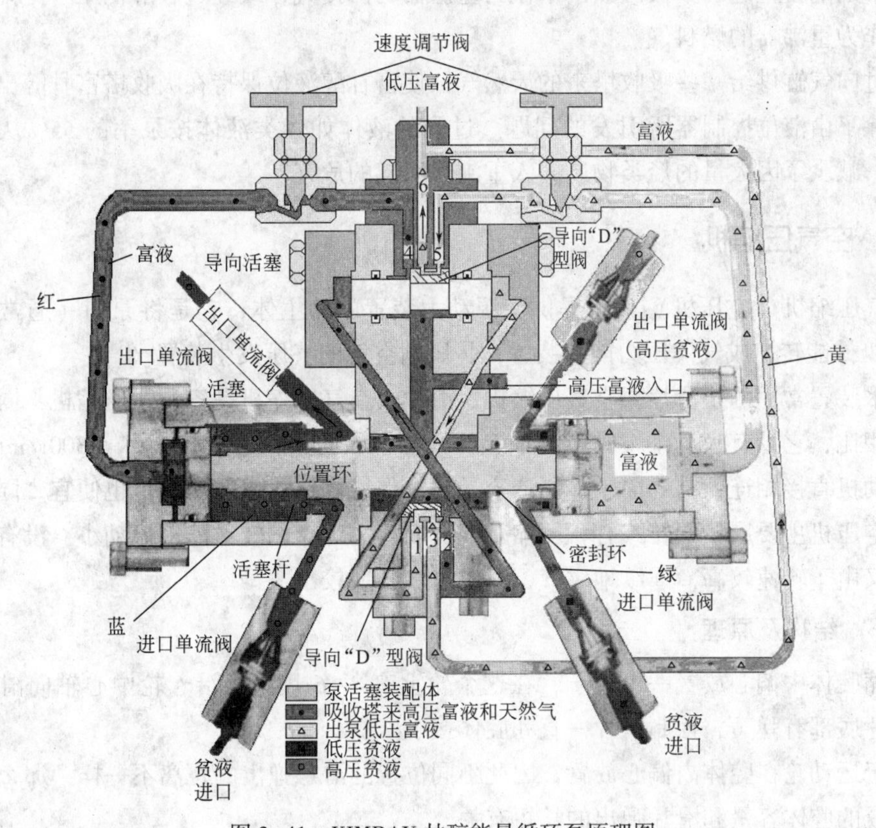

图 3-41 KIMRAY 甘醇能量循环泵原理图

流向泵活塞总成的右端。

现在泵活塞总成从左到右开始冲程，按照以上步骤改变流量的方向。

2. 操作要点

脱水系统里循环甘醇的压力由作用在活塞杆处 O 形密封圈面积的吸收塔压力供给。活塞杆相当活塞面积的 20%，泵的摩擦损失和管线损失忽略不计，那么最终得出的压力足够产生一个大于吸入压力 25%的理论排放压力。例如，在吸收塔压力为 300psi 的情况下，理论吸收压力为 375psi；在吸收塔压力为 1500psi 的情况下，理论排放压力为 1875psi。此理论“超压”演变成有利于排除排出管线的堵塞，但不足以引起排出管线的损坏或产生危险。

需要 25~30psi 压力克服泵的摩擦力，为管线损失和循环留下补充“超压”。建议管线损失、循环损失应保持在吸收塔压力的 10%左右或产品目录里提供的压力。

提供的两个速度控制阀用于调节流入、流出动力缸的富甘醇和天然气流量。经过速度控制阀改变流动方向，并起到一种清洁阀门的冲洗作用。

如果从吸收塔返回到泵里的富甘醇完全充满气缸就不需补充天然气。但温甘醇只占气缸和连接管线总体积的 65%，剩下 35%的体积将由吸收塔出来的天然气填充。按 300psi 的吸收塔压力，填充天然气的体积相当于 1. 7ft^3/gal 贫甘醇；按 1500psi 的吸收塔压力，填充天然气的体积相当于 8. 3ft^3/gal，这些气体被认为是甘醇泵连续运转的动力源。它可以在脱水剂的再生过程中被闪蒸出来作为重沸器的汽提气，或经过甘醇低压—分离器分离出来，作为重沸器的燃料气。

通过向气缸供给一些吸收塔来的天然气，使富甘醇液位保持在吸收塔富甘醇出口接头处，消除了由液位控制器所引发的问题。过剩的液体如烃类液体按泵率的 55%从吸收塔里排出，减少了因大量的烃类物质漏入重沸器引起的危害。

二、空气压缩机

空气压缩机（空压机）就是提供气源动力装置中的主体，它是将原动（通常是电动机）的机械能转换成气体压力能的装置，是压缩空气的气压发生装置。

脱水装置常用的是滑片式空气压缩机。滑片式空气压缩机是容积式压缩机，同活塞式空压机相比，它没有吸、排气阀和曲轴连杆结构，因此，转速可较高（≤300r/min），能同原电动机直接相连，结构简单，制造容易，操作维修保养方便，售价也便宜。同时由于滑片式空压机主要属于回转式容积压缩机，所以，它工作比较平静，振动小，没有复杂的程序。又由于转速较高，连续地供气，所以气流脉冲较小。

（一）结构及原理

压缩腔体中偏心放置一个轮子，在这个轮上有 4~6 片可以沿着轮中心轴向滑动的滑片，滑片底部有弹簧，控制滑片一直和腔体接触。

由于运动轮在腔体内偏心放置，因此不同位置的滑片弹出的距离不一样，那么两个滑片所组成的腔体容量和滑片弹出的长短有关。

因此在滑片弹出最长的位置设置一个进气口，此时这两个滑片中进入的空气压力和外界基本一致。但当轮子运动，滑片被腔体内壁持续向内压缩，那么滑片之间的空间会不断变小，则气体也被不断压缩。当滑片被腔体压到最短时，设置排气口，被压缩的空气将从这里排出，完成空气压缩的过程，然后滑片进入下一个工作过程。

空气压缩机实物见图 3-42。原理见图 3-43。

图 3-42　空气压缩机实物图

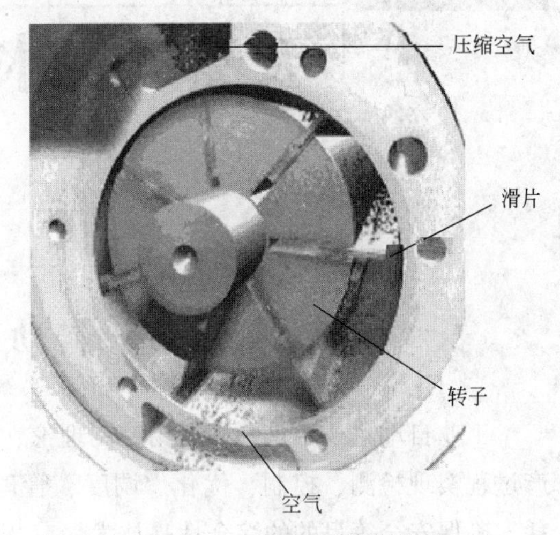

图 3-43　空气压缩机原理图

（二）操作要点

（1）压缩机必须由经过培训的人员负责操作和保养。

（2）开机前检查，务必确认电源电压与机器的电机电压及电流输出相匹配，油位正常；压缩机停止且内部压力释放完毕时油位镜中必须充满润滑油，压缩机与整个空压系统相通（即出口阀打开）。

（3）启动后观察转向与指示转向一致，压缩机应保持良好的通风散热，机体温度不得超过 100℃。

（4）每周检查油位；检查并清洁排水电磁阀；清洗油冷却器和后冷却器；每半月吹扫空气过滤器，清洗回油阀滤网。

（5）电动机轴承注油，必须使用滑片式空气压缩机专用油。

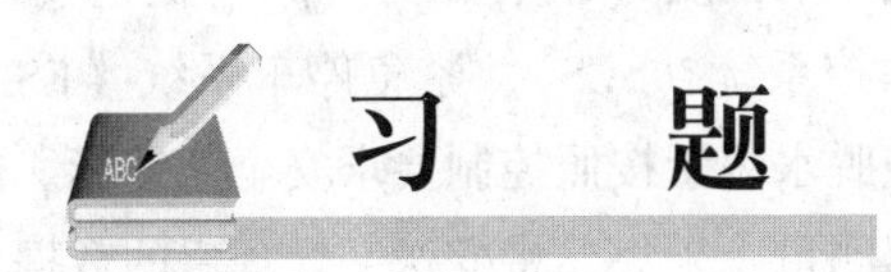

习　题

简答题

1. 能量回收泵有哪些操作要求？
2. 简述能量回收泵的工作原理。
3. 简述三甘醇脱水装置中精馏柱填料的作用和安装要求。
4. 简述分子筛脱水装置的再生流程。

第四章 天然气脱水自动化控制

第一节 自动化控制基础知识

工业自动化技术是一种运用控制理论、仪器仪表、计算机和其他信息技术，对工业生产过程实现检测、控制、优化、调度、管理和决策，达到增加产量、提高质量、降低消耗、确保安全等目的的综合性高技术。

自动化控制系统是以计算机为中心，配合各种传感器、仪表和执行机构等组成的系统。自动化控制系统包括上位控制系统、下位控制系统、数据传输系统、自控现场仪表、自控设备等。以天然气生产为例，它可以在不同的程度上，实现对气田生产系统的测控和调节。气田自动化控制系统的实现可以减少岗位人员和实现部分岗位无人值守，大大减轻后勤保障等方面的负担。此外，由于可以实行对生产过程和设备的动态监测，不仅可以预先发现事故隐患，及时加以消除和防治，确保安全生产，而且还可以根据及时取得的各项参数和依靠计算机的分析功能，对生产系统及某些设备的运行进行调节，使其处于最佳运行状态，达到安全、低耗、高效、高产的目的。

在天然气生产中，自动化控制技术已经被广泛应用，技术发展也趋于成熟，它在天然气生产中占据重要地位。以常见的脱水工艺为例，其中涉及的自动化技术是采用了常用的自动化控制仪表对脱水工艺中的温度（T）、压力（p）、流量（F）、物位（L）变量进行测量和数据采集，并利用站控系统（SCS）、紧急停车系统（ESD）对脱水过程中的各个生产环节进行过程控制，使脱水装置按照控制要求安全地运行。简言之，依靠现场仪表对生产过程参数实现实时数据测量、采集，将变送、处理后的数据传输至中央控制器，并按照预先设置好的控制程序对现场执行器下达调节等控制任务，最终保证生产过程各项参数满足工艺生产要求，生产过程处于受控状态。

一、上位控制系统

脱水装置自动化控制系统的上位控制系统部分主要完成：数据处理、数据存储、逻辑判断、逻辑指令下达、监视控制、设备管理、报警和报警处理、事件查询和趋势分析等功能。系统主要包括工作站、服务器、路由器、交换机、协议转换器等设备，这些设备相互之间采用以太网连接，并普遍采用“双机双网”冗余技术。

二、下位控制系统

脱水装置自动化控制系统的下位控制系统部分主要完成：数据采集、测量变送、数据处理、逻辑计算、逻辑控制、通信等功能，另外还提供操作人员接口、信息存储与检索等全部和部分功能。系统主要包括：RTU（远程终端单元）/PLC（可编程逻辑控制器）、现场仪表（二次）、防雷设备（弱电）等设备。其中 RTU（远程终端单元）/PLC（可编程逻辑控制器）是下位系统的核心。

三、通信系统

脱水装置自动化控制系统采用工业以太网（双网），以实现了上位系统与下位系统的数据交换。图 4-1 为双网结构。

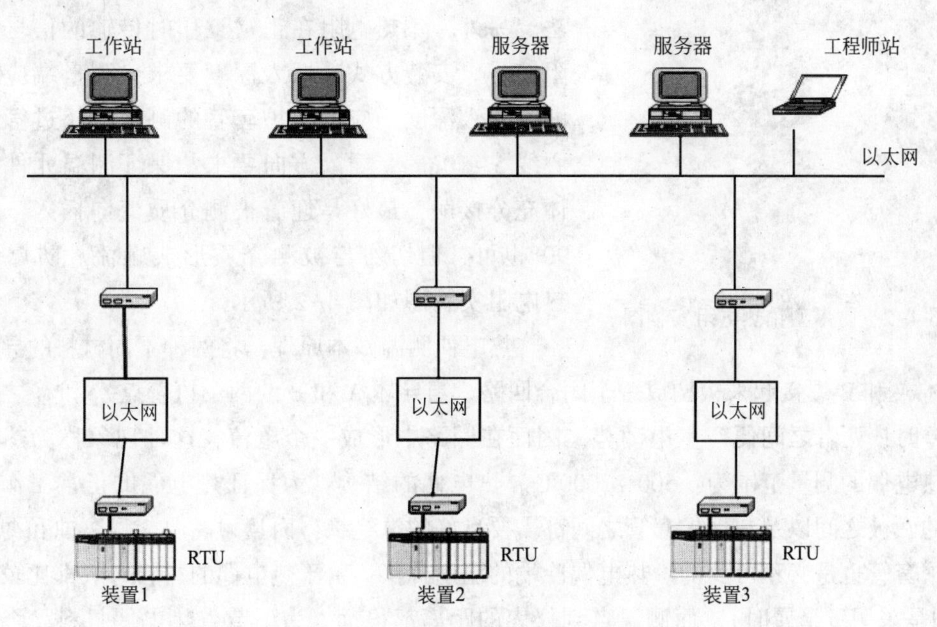

图 4-1　脱水装置自动化系统网络拓扑图

第二节　自动化设备及原理

常见的自动化设备有温度变送器、压力（差压）变送器、液位计、流量计、调节阀等，对现场工艺参数进行测量并对工艺条件进行控制。

一、温度变送器

（一）组成及原理

温度变送器由温度传感器和信号转换器组成。温度传感器主要分为热电阻传感器和热电偶传感器两大类，热电阻或热电偶经输入回路（直流电桥）将与温度相对应的电阻值或热电势转换成电压信号，再经电压、电流转换将此电压信号转换成直流电流信号输出。它可作为指示、记录、调节仪表等的输入信号，以实现对温度变量的指示、记录或自动控制。

铂热电阻工作原理：导体或半导体的电阻值随温度变化（注：电阻值不一定随温度升高而升高）。测温范围：-200~850℃。IEC 规定，铂电阻有 Pt10（$R_0=10\Omega$）和 Pt100（$R_0=100\Omega$）两种分度号（Pt100 分度号铂热电阻在 0℃时电阻为 100Ω，每上升 1℃阻值上升 0.385Ω）。内部结构：一般是将电阻丝绕在云母或石英、陶瓷、塑料等绝缘骨架上固定后套上保护套管，在热电阻丝与套管间填上导热材料即成。热电阻结构形式：普通型、铠装型、专用型。接线方式：热电阻的端子有三种不同的连接方式：二线式、三线式和四线式，二线式测量回路与传感器不太远的情况。在距离较远时，为消除引线电阻受环境温度影响造成的测量误差，需要采用三线式或四线式接法。另外，铂热电阻在正常工作时传输的信号为电阻信号。安装方式：插入深度要求，测量端应有足够的插入深度，应使保护套管的测量端超过管道中心线 5~10mm。插入方向要求：保证测温元件与流体充分接触，最好是迎着被测介质流向插入，正交 90°也可，但切勿与被测介质形成顺流。防爆型铂热电阻实物图如图 4-2 所示。

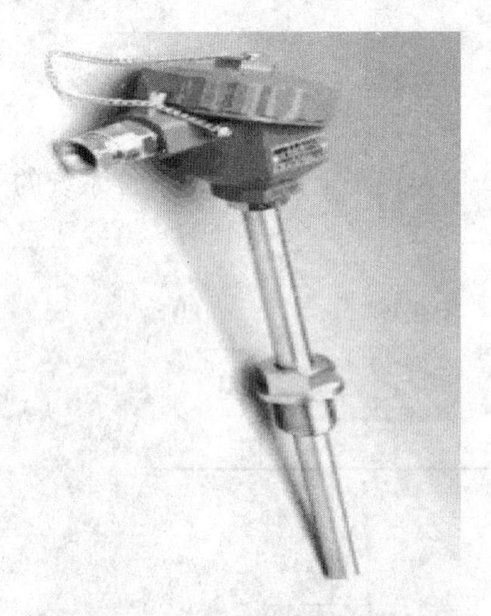

图 4-2 防爆型铂热电阻实物图

热电偶测温基本原理：将两种不同材料的导体或半导体 A 和 B 焊接起来，构成一个闭合回路。当导体 A 和 B 的两个执着点 t_0 和 t_1 之间存在温差时，两者之间便产生电动势，因而在回路中形成一个电流，这种现象称为热电效应。热电偶的测量范围为：500~2000℃。热电偶的结构：为保证热电偶的正常工作，热电偶的两极之间以及与保护套管之间都需要良好的电绝缘，而且耐高温、耐腐蚀和冲击的外保护套管也是必不可少的。热电偶冷端的温度补偿：由于热电偶的材料一般都比较贵重（特别是采用贵金属时），而测温点到仪表的距离都很远，为了节省热电偶材料，降低成本，通常采用补偿导线把热电偶的冷端（自由端）延伸到温度比较稳定的控制室内，连接到仪表端子上。为了保证热电偶可靠、稳定地工作，对热电偶的结构要求如下：（1）组成热电偶的两个热电极的焊接必须牢固；（2）两个热电极彼此之间应很好地绝缘，以防短路；（3）补偿导线与热电偶自由端的连接要方便可靠；（4）保护套管应能保证热电极与有害介质充分隔离。标准化热电偶，按 IEC 国际标准生产。热电偶的分度号有主要有 S、R、B、N、K、E、J、T 等几种。其中 S、R、B 属于贵金属热电偶，N、K、E、J、T 属于廉金属热电偶。防爆型热电偶实物图如图 4-3 所示。

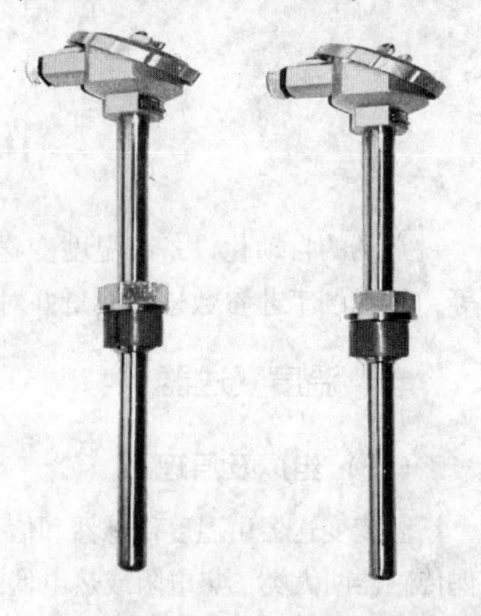

图 4-3 防爆型热电偶实物图

（二）特点

（1）热电阻在安装时可以垂直安装或者与被测介质形成逆流安装。

（2）热电阻可二线制传送。信号转换器供电的两根导线，同时也传送输出信号；输出恒流信号（4~20mA），抗干扰能力强，远传性能好。

（3）信号转换器和温度传感器可以一体安装，也可以分开安装，方便用户使用。

（4）信号转换器用环氧树脂封装成模块，具有耐震动、耐腐蚀、防潮湿等优点，可用于环境条件较差的场所。

（5）热电偶：①测量气体，则应与被测介质形成逆流；②测量液体，则必须使热电偶的测量端处于管道中流速最大处，且使其保护套管的末端越过流速中心线；③测量固体，则必须使热电偶的测量端与被测体表面紧密顶靠，并减少接触点附近的温度梯度，以减少导热误差。

（三）应用

温度变送器用来测量天然气出站温度、加热炉甘醇温度、精馏柱顶再生气温度、灼烧炉温度等。

（四）使用和维护

1. 安装

（1）在安装温度变送器之前，不得给其上电；

（2）温度传感器必须垂直插入保护导管中，防止探头弯曲或折断；

（3）确定接线无误后，给温度变送器上电，观察温度变送器输入控制室的温度值，并与现场温度计进行比较。

2. 拆卸

（1）在拆温度变送器前，必须将端子柜内的温度变送器电源端子拔掉；

（2）在拆温度变送器之前，应先擦拭干净变送器盖上的灰尘、雨水或油污；

（3）拆温度变送器防爆软管时，必须取下软管的活动接头，将温度变送器线头处理后，取下防爆软管；

（4）拆温度变送器时，须用工具卡住表接头，旋下温度变送器；

（5）若暂时不装温度变送器，应把线头用绝缘胶布缠住，以免腐蚀。

3. 维护保养

（1）定期用干布擦拭温度变送器，保持铭牌清楚、无污损；

（2）注意螺钉螺母的维护，防止生锈、损坏；

（3）定期检查温度变送器的外部密封情况，防止雨水浸入。

二、压力变送器

（一）组成及原理

压力变送器由压力传感器和电子元件部分组成。其工作原理是：压力传感器的传感隔离膜片探测到过程压力后根据不同的转换原理（如电容式、频率式等）进行转换和检测，并经过微处理器运算处理转换为一个对应于设定的测量范围 4~20mADC 的模拟信号输出，压力变送器实物图如图 4-4 所示。

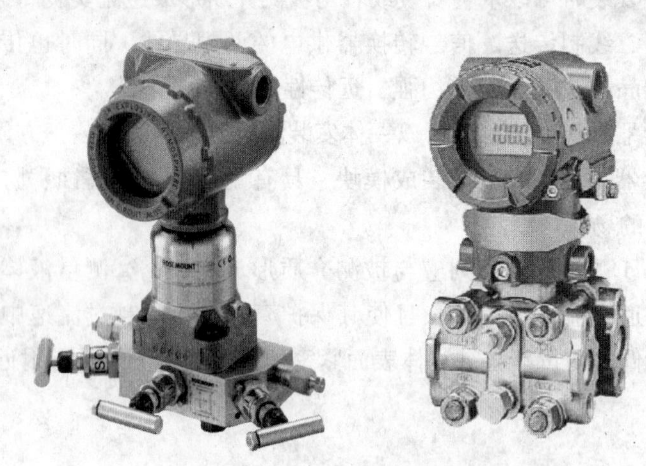

图 4-4 压力变送器实物图

（二）分类

1. 气体压力变送器

气体压力变送器由气阻、气容、节流盲室、喷嘴—挡板机构和功率放大器组成。一般应用于测量生产流程中流体的压力并转换为 20~100kPa 的气压信号输出。

2. 电动压力变送器

电动压力变送器由测量、机械力转换、位移检测器与电子放大器、电磁反馈机构四部分组成，主要有力平衡式、应变式、矢量式等类型。

3. 智能式压力变送器

智能式压力变送器测量原理是过程压力通过隔离膜片、封入液传到位于测量头内的传感器（单晶硅）上，引起传感器的电阻值相应变化。此电阻值的变化由形成于传感器芯片上的惠斯登电桥检出，并由 A/D 转换器转换成数字信号，再送至微处理器进行处理后换成 4~20mADC 的模拟信号输出。

4. 1151 系列压力变送器

1151 系列压力变送器的传感器为电容式传感器，压力的不同使传感器膜片产生偏移，其最大偏移量为 0.1mm，并正比于过程压力。传感膜片两侧的电容极板检测膜片的位置，通过变送器的电子部分转换为二线制 4~20mA 直流信号和 HART 数值信号，用以实现数据采集、通信、显示和自动控制。

5. 3051 型压力变送器

3051 型压力变送器由传感器组件、电子组件两部分组成。

传感器组件选用高精度的电容传感器，过程压力通过隔离膜片及灌充物变送到电容室中心的感应膜片，感应膜片两边的电容极板决定其位置。在感应膜片和电容极板间的差动电压与过程压力成正比。

电子组件包括有一块 ASIC 和表面镶嵌技术的信号板，它接收传感器的数字输入信号，通过正确的系数，使该信号无误和线性化。电子组件的输出部分将数字信号转换成一个4～20mA的输出，同时还要进行与286型和ROSEMOUNT控制系统的通信。一个可选的LCD表插在电子板上，用来显示压力处理单元的数字输出或模拟范围值的百分数。

6. EJA压力变送器

EJA压力变送器采用微电子技术在一单晶硅芯片的中心和边缘制作两个形状、尺寸、材质完全一致的H形状的谐振梁，谐振梁在自激振荡回路中做高频震荡。单晶硅片的上下表面受到的压力不等时，将产生形变，导致中心谐振梁因受压缩力而频率减小，边缘谐振梁因拉伸力而频率增加。其特点为：（1）经D/A传换成4～20mA输出信号，通信时叠加Brain或Hart数字信号；（2）直接输出符合现场总线标准的数字信号。

（三）应用及特点

压力变送器用来测量进站压力、过滤分离器压力、脱硫塔压力、闪蒸罐压力、吸收塔压力、燃料气分液罐压力、仪表风压力、燃料气压力等。

它们优于其他普通压力变送器的共同点是：

（1）稳定性好，特别是3051型稳定性长达5年。

（2）具有快速的动态响应，实现更精确的测量与控制。

（3）加入了温度测量来补偿热效应，保证运行期间信号的准确性。

（4）完全适用于现场总线产品，使通信更为简化、可靠。

（四）使用和维护

1. 安装

（1）在安装压力变送器之前，不得给其上电。

（2）端子柜内的压力变送器接线头须挂锡，不得出现毛刺。

（3）确定接线无误后，给压力变送器上电，并将压力变送器的量程、单位等参数设置好，观察压力变送器输入控制室的压力值，并与现场可视压力表进行比较。

2. 拆卸

（1）在拆压力变送器之前，必须将端子柜内压力变送器的电源端子拔掉。

（2）在拆压力变送器之前，应先擦拭干净变送器盖上的灰尘、雨水或油污。

（3）拆压力变送器防爆软管时，必须取下软管的活动接头，将压力变送器线头处理后，取下防爆软管。

（4）拆压力变送器时，须用工具卡住表接头，旋下压力变送器。

（5）若暂时不装压力变送器，应把线头用绝缘胶布缠住，以免腐蚀。

3. 维护保养

（1）保持铭牌的清楚、明晰，经常擦拭，防锈。

（2）各部件应配装牢固，不应有松动、脱焊或接触不良等现象。

（3）注意防爆接头处密封，防止进水，及时除锈。

（4）通电时，不得在爆炸性环境下拆卸变送器表盖。

三、自动调节阀

自动调节阀（自控阀门）在工厂作业过程中采用自动控制，在管道中起可变阻力的作用，调节介质的压力、流量、温度等参数，是工艺环路中最终的控制元件。

（一）组成及原理

1. 组成

自控阀门主要由执行机构、阀体、附属机构（过滤减压器、阀门定位器、电磁阀等）及控制气管路组成，有的阀根据需要还安装有手轮机构。

自控阀门的控制采用统一的标准信号控制：电压 24VDC、电流 4~20mA、控制气压力信号 20~100kPa。

2. 原理

现场脱水装置自控阀门的工作原理见图 4-5。从现场来的信号（温度、压力、液位）进入 RTU，经 RTU 处理后，送出一个 4~20mA 的信号，经电气转换器转换成 20~100kPa 的压力信号，作用于执行机构，通过膜片（活塞）带动阀杆上下运动或转动，从而控制阀门的开关。

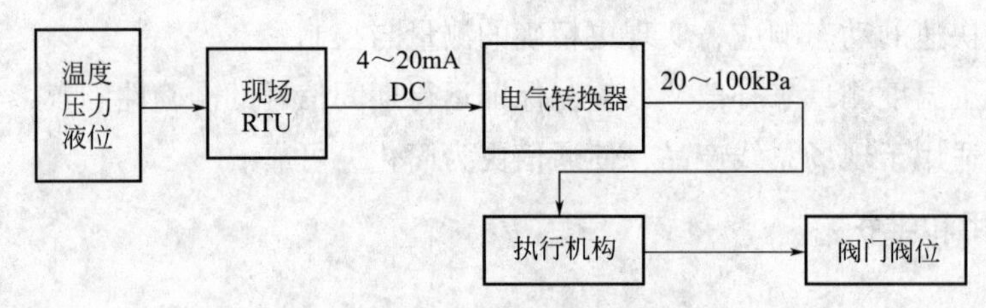

图 4-5　现场脱水装置自控阀门工作原理示意图

（二）执行机构

执行机构的主要作用是根据控制气大小，产生相应的推力带动推杆从而带动阀杆运动来控制阀门。其分类如图 4-6 所示。

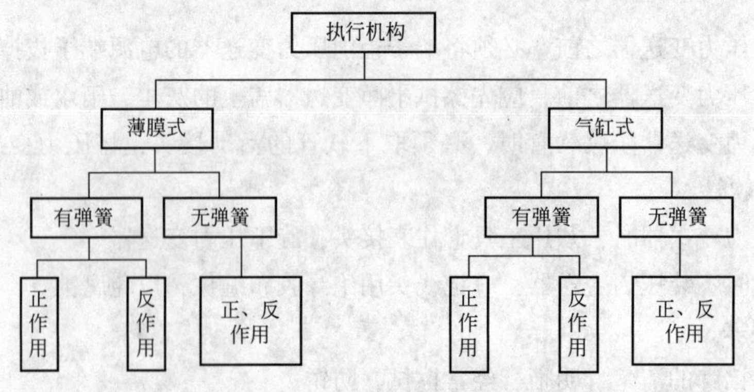

图 4-6　执行机构的分类图

1. 薄膜式

薄膜式分为正、反作用两种，正作用是指信号压力增加时，推杆向下动作的执行机构；反作用是指信号压力增加时，推杆向上动作的执行机构。这两种执行机构的组成基本相同，主要包括：上膜盖、下膜盖、膜片、推杆、弹簧、弹簧座、支架、标尺等。

该种执行机构的输出特性是比例式的，即输出位移与气压信号成比例关系。当信号压力进入膜腔时，在膜片上产生一个推力，膜片压缩弹簧并带动推杆运动，当弹簧力与信号压力相平衡时，推杆便稳定在某一位置，这一位置的位移量与气压信号成一定的比例关系。

2. 气缸式

气缸式也分为正、反作用两种，气缸式（有弹簧）与薄膜式的相类似；气缸式（无弹簧）是利用活塞两端的压差推动活塞带动推杆运动。

气缸式执行机构可输出很大的推力，适用于高压差的管道，现场多用于截断、放空等。

（三）调节阀

调节阀在现场工艺中的主要作用是控制或截断气流，其种类也较多，最常见的是直通单座阀，如 FISHER 的 E 型阀。它主要由上阀盖、下阀盖、阀体、阀座、阀芯、阀杆、填料及填料压盖组成。

阀芯是阀的最关键部分，根据工艺需要，它可以有不同的类型，现场主要有 Z 型、D 型、T 型等阀芯。调节阀实物图如图 4-7 所示。

图 4-7　气动调节阀实物图

四、气动切断阀

气动切断阀是自动化系统中执行机构的一种，由多弹簧气动薄膜执行机构或浮动式活塞执行机构与调节阀组成，接收调节仪表的信号，控制工艺管道内流体的切断、接通或切换。气动切断阀的气源要求经过滤的压缩空气，流经阀体内的介质应该是无杂质和无颗粒的液体和气体。

图 4-8　气动切断阀实物图

阀门功能及工作原理：紧急切断阀是常开型脉冲触发式型电磁阀，具有事故自锁及手动复位功能；阀门在日常工作中处于常闭状态，电磁阀线圈处于通电状态，当事故发生时，阀门线圈瞬时失电，触发阀门快速关闭，进入自锁状态；此时即使重新通电，阀门仍处于自锁状态，不会重新自动打开。当工作人员处理完事故，人工重新开启阀门，才会恢复供气。注：根据客户要求也可提供断电开启的常开型紧急切断阀。气动切断阀实物图如图 4-8 所示。

五、火焰监测仪

在天然气生产过程中，为了确保生产的安全顺利进行，对于水套炉和脱水装置加热炉中的火焰需要及时准确地监测，因为一旦火焰熄灭而又不断地注入天然气，很有可能引起爆炸，造成人员和财产的损失。火焰监测仪就是对火焰的存在进行监测，同时将所得的信号送往计算机作为控制依据。

（一）工作原理

火焰监测仪由光敏管传感器和控制电路两部分组成。当传感器监测到火焰信号时，将信号传输给控制器进行信号处理，处理后控制器输出一个通断信号以指示火焰熄灭或火焰存在的状态。目前，大天池井站中用到的火焰监测仪是新都兆龙仪器厂生产的 ZK-100 型和 ZK-133 型火焰监测仪。其中，ZK-100 型用于单井水套炉火焰监测和讲治站脱水装置的加热炉火焰监测，ZK-133 型用于七桥站和月东 1 井的脱水装置加热炉火焰监测。ZK-100 型与 ZK-133 型的主要区别在于 ZK-100 型的传感器和控制电路集中于一体，整体安装于现场，而 ZK-133 型的传感器安装于现场，控制电路安装于端子柜。对于火焰监测仪的输出，可以选用常开（无火时为开路）或常闭（无火时为闭路），这要根据计算机控制软件的内部定义来决定。

（二）安装及维护

在安装中首先应该根据监测点的情况，选择能可靠地观察到火焰又尽可能远离高温区的地方，将监测仪光窗对准观测点。工作中，由于天然气在燃烧时不断地挥发出污染物质，使监测仪光窗变脏，影响监测仪对火焰信号的接受，从而造成灵敏度下降，因此，需定期对光窗进行擦拭。

六、电子点火装置

（一）简介

电子点火装置用于脱水站灼烧炉电子点火以及进口脱水站加热炉电子点火。该装置既可以点火，同时在运行中又可以对火焰进行监测，当出现火焰熄灭时会自动切断燃料气。

该装置由控制线路板、点火线圈、火焰检测探头、高压点火丝组成。控制线路板的作用在于控制点火和根据火焰检测探头的信号对火焰进行监测。点火线圈和高压点火丝用于点火。火焰检测探头采用热电偶，用于对引导火焰温度进行检测。

(二) 控制面板指示

1. 引导火焰熄灭

当指示灯亮时，表示引导火焰熄灭。

2. 引导火焰燃着

当引导火焰温度超过低点火温度（温度开始上升的点）时，该指示灯即会发亮。

3. 引导电磁阀开/关

该指示灯指示引导电磁阀的状态，关（红色）指示灯指示系统已关闭引导电磁阀，开（绿色）指示灯指示系统已开启引导电磁阀。

4. 主电磁阀开/关

该指示灯指示主电磁阀的状态，关（红色）指示灯指示系统已关闭主电磁阀，开（绿色）指示灯指示系统已开启主电磁阀。

5. 引导火焰温度指示灯

这一组指示灯指示的是热电偶从引导火焰处测得的温度信号。每一个指示灯代表引导火焰温度每升高 200℃的信号。当探头测得的温度不到某个指示灯指示的温度时，这个指示灯就会慢慢地闪烁，而当温度要接近于该指示的温度时，指示灯的闪烁频率加快，当达到该它指示的温度时，指示灯就不再闪烁。

(三) 按键功能

1. 燃烧器紧急切断

该按键可直接导致引导电磁阀和主电磁阀的关闭，从而切断气源。该按键一般在紧急情况下使用。

2. 自动/手动

该按键可使装置在自动/手动两种工作方式之间切换。

3. 主电磁阀开关

在手动方式下，该按键能打开或关闭主电磁阀。如果引导火焰燃烧着，按该键能打开主电磁阀，而当主电磁阀是开着时，按该键能关闭主电磁阀。在自动方式下，该键不起作用。

4. 打开引导电磁阀

在手动方式下，该按键能打开引导电磁阀，让燃气流向引导火嘴。在指示引导火焰燃着的指示灯未亮之前放开按键，引导电磁阀会关闭。在自动方式下，该键不起作用。

5. 引导火嘴点火

在手动方式下，按下该键就会点火。在自动方式下，该键不起作用。

(四) 操作方式

1. 自动点火方式

在该工作方式下，装置能自动点燃并监测引导火焰，并且自动点燃主火嘴。

2. 手动点火方式

按下“打开引导电磁阀”，稍后按“引导火嘴点火”，2~3s后松开“引导火嘴点火”，但同时继续按住“打开引导电磁阀”。不一会儿，引导火焰的温度就会上升。继续按住“打开引导电磁阀”直到“引导火焰熄灭”指示灯熄灭，“引导火焰燃着”指示灯亮为止。放开“打开引导电磁阀”，按下“主火嘴开关”，这时，主火嘴点燃。

七、液位变送器

(一) 组成及原理

液位变送器由液位传感器和转换电路组成。液位传感器把液位的高低转换为与其成正比的测量电压（或其他）信号，并转换为0~10mA或4~20mA标准直流电流信号输出，从而实现对液位的连续测量、远传指示、记录或自动控制。

(二) 分类及特点

1. FISHER TYPE 2390 液位变送器

FISHER TYPE 2390 液位变送器和 249 SERIES 位移传感器配套使用。

其工作原理如下：当液位发生变化，浮筒产生相应的位移变化，其变化与液位成一定线性关系。浮筒位移变化使浮筒杆以刀形尖轴承为中心作大到4.4°的角度转动，带动扭力管转动，使变送器输出在4~20mA之间变化。

其信号转换的详述如下：环形转动经过一个波纹管，被传送至由弯曲簧片支持的变送器杆机构，引起附于杆上的磁体移动，使磁场发生变化，再通过霍尔效应位置传感器来感测。然后传感器将磁场信号转换成电信号。

电信号经环境温度补偿，通过差动放大器放大，然后针对磁场的非线性作线性补偿。一阶和二阶低通滤波器减缓过程扰动的影响，并防止直流放大器与电流驱动器的饱和。直流放大器提供不互相影响的零点和量程调整。

电流驱动电路发出一个与直流放大器电压输出成比例的4~20mA电流输出。电压调整器提供变送器所需的调整电压。

同时，变送器的电路提供反极性保护，瞬时电源冲击保护和电磁干扰保护。

2. BW25 浮筒液位变送器

BW25 浮筒液位变送器是由浮筒液位计、变送器、限位开关和 M7 指示器组成。

液位计的工作原理是基于位移测量原理，悬挂在测量弹簧上的位移筒体沉浸在被测液体中，并受到阿基米德向上浮力作用，其作用力与排开液体质量成正比。根据液位高低，筒体浸入程度不同，向上浮力发生变化，测量弹簧将作相应延伸。

弹簧长度的改变表示液位高低的变化，弹簧长度系借助磁耦合方法，由装在容器外面作为指示用的测量机构进行转换。这种传输方法可使测量和指示系统与密封压力容器隔离。现场指示无须附加电源，且能用电动或气动信号传输被测值，并可发出限位电信号。

（三）使用和维护

1. 使用

液位变送器在使用之前，应检查各个零部件是否处于正常工作状态，保证浮筒始终在套管中自由移动，并对变送器进行基本性能校验后，即可投入使用。

2. 维护保养

（1）液位变送器在运行期间，一般无须维护，必须注意保证浮筒始终在压力套管中自由移动，但是如果杂质在压力套管里形成积垢，就会妨碍浮筒或磁钢、悬挂弹簧的自由移动，为此必须拆开压力套管并清洗。

（2）设备外部的清洁，保持铭牌的清楚，螺钉螺母无锈蚀。

（3）定期检查电信号接线头的密封情况，防松、防水、除锈。

（4）注意检查液位计是否在垂直位置，防止浮筒螺纹接头松动和介质泄漏。

八、报警开关

（一）组成及原理

1. 温度报警开关

温度报警开关由压力开关带温度传感探头组成。

传感探头部分充满了易挥发液体压力。过程温度的变化导致一定的蒸气压力变化，再作用在隔膜活塞上，引起快速电开关的动作。温度报警开关的动作是由蒸气压力所决定的。

2. 液位报警开关

液位报警开关由浮筒和干簧管（无源触点）两部分组成。

当液位上升时，浮子因浮力作用而上升，使与悬杆相连的磁体也随之上升，磁体由于磁力作用吸附干簧管一端的导磁体，另一端则接通开关元件的开触点，从而导通报警回路，产生报警信号；反之，当液位下降，浮子下落，磁体因重力大于浮力而向下移动，既而失去对干簧管导磁体的吸附作用，干簧管簧片由于弹簧作用与开关元件的开触点分离，从而断开报警回路。

共同点：报警开关为单刀双掷型，因此具有记忆功能，即故障不排除，报警信号不消除。

（二）应用与维护

目前脱水站中使用的报警开关共有温度报警和液位报警两类。它们的应用将为脱水装置正常、安全、高效地运行起着重要作用。

报警开关日常无须维护，只需注意保持电子元件部分继电器的灵活可靠和报警装置电路部分的密封性，以避免受潮。

第三节　脱水装置典型控制回路

自动化控制是以控制器为核心，利用执行机构和变送器使被控参数达到预期值的过程。自动化控制系统主要由控制器、被控对象、执行机构和变送器四个环节组成。

自动化控制系统的工作原理为：检测仪表检测输出量（被控制量）的实际值，控制系统将输出量的实际值与给定值（输入量）进行比较得出偏差，用偏差值产生控制调节作用去消除偏差，使得输出量维持期望值的输出。三甘醇脱水、分子筛脱水、J-T阀脱水装置的各个控制回路原理是相通的，主要对脱水生产工艺中的压力（p）、温度（T）、物位（L）、流量（Q）等参数进行调节控制，本章节以相国寺储气库作业区J-T阀脱水为例介绍典型控制回路。

一、原料气分离器液位控制回路

测量仪表为原料气分离器雷达液位计，执行机构为原料气分离器液位调节阀。控制原理：SCS控制器内提供原料气分离器液位输入变量，操作员可通过上位计算机给定液位期望值。雷达液位计检测原料气分离器的液位，并向SCS控制器输入AI信号，SCS控制器将液位期望值与实际检测到的AI值进行比较，得出偏差值。SCS控制器根据偏差值做出消除偏差值的控制措施及向液位调节阀输出AO信号，控制调节阀开度，达到调节原料气分离器液位的目的，控制回路如图4-9所示。

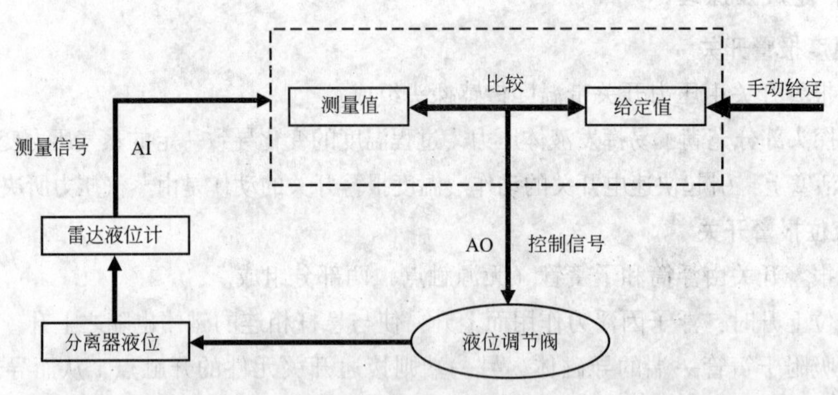

图4-9　原料气分离器液位控制回路图

二、脱水后干气出装置压力控制回路

测量仪表为单套脱水后干气出装置压力变送器，执行机构为出站压力调节阀。控制原理：SCS控制器内提供出站压力输入变量，操作员可通过上位计算机给定压力期望值。控制系统利用压力变送器检测脱水装置脱水后管线压力，并向SCS控制器提供AI值，SCS控制器将压力期望值与实际检测到的AI值进行比较，得出偏差值。SCS控制器根据偏差值做出消除偏差值的控制措施及向出站压力调节阀输出AO信号，控制调节阀开度，达到调节出站压力的目的。控制回路如图4-10所示。

三、原料气进J-T阀温度控制回路

测量仪表为原料气预冷器至J-T阀管线上的温度变送器，执行机构为高效分离器来气进原料气预冷器流量调节阀。控制原理：SCS控制器内提供温度输入变量，操作员可通过上位计算机给定温度期望值。控制系统利用温度变送器检测原料气经过预冷后去J-T阀的

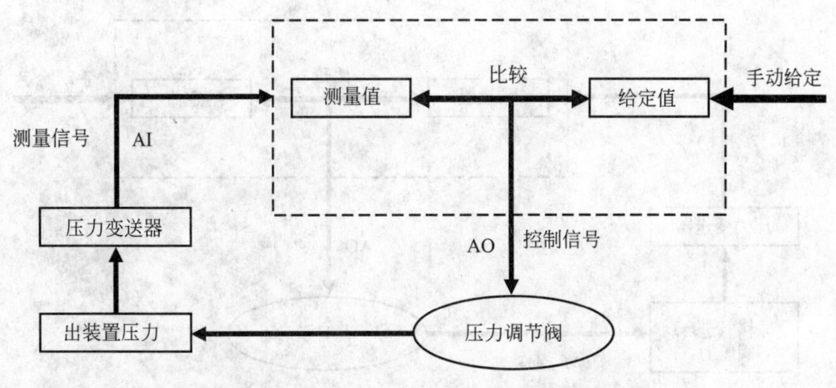

图 4-10　脱水后干气出装置压力控制回路图

气体温度，并向 SCS 控制器提供 AI 值，SCS 控制器对温度期望值与实际检测到的 AI 值进行比较，得出偏差值。SCS 控制器根据偏差值做出了消除偏差值的控制措施及向调节阀输出 AO 信号，通过调节阀开度控制进入原料气预冷器的干气流量，达到调节原料气进 J-T 阀温度的目的。控制回路如图 4-11 所示。

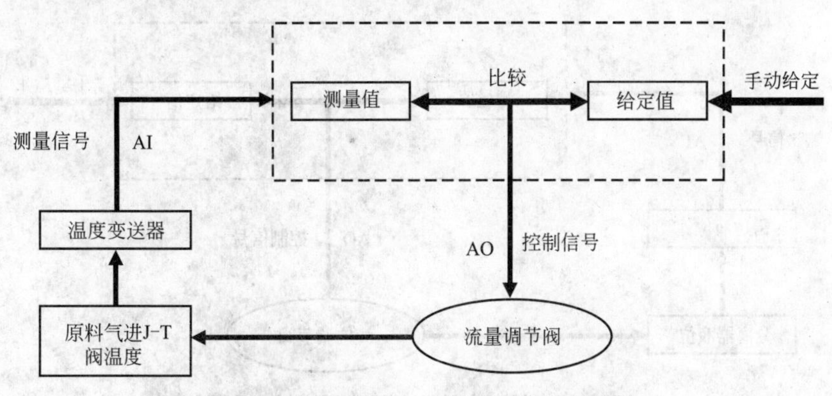

图 4-11　原料气进 J-T 阀温度控制回路图

四、原料气进 J-T 阀压力控制回路

测量仪表为 J-T 阀前端管线上的压力变送器，执行机构为 J-T 阀。控制原理：SCS 控制器内提供压力输入变量，操作员可通过上位计算机给定压力期望值。控制系统利用压力变送器检测 J-T 阀前端管线原料气的压力值，并向 SCS 控制器提供 AI 值，SCS 控制器对压力期望值与实际检测到的 AI 值进行比较，得出偏差值。SCS 控制器根据偏差值做出了消除偏差值的控制措施及向 J-T 输出 AO 信号，通过控制 J-T 阀开度，达到调节原料气进 J-T 阀压力的目的。控制回路如图 4-12 所示。

五、低温高效分离器液位控制回路

测量仪表为低温高效分离器雷达液位计，执行机构为低温高效分离器液位调节阀。控制原理：SCS 控制器内提供低温高效分离器液位输入变量，操作员可通过上位计算机给定液位期望值。雷达液位计检测低温高效分离器的液位，并向 SCS 控制器输入 AI 信号，

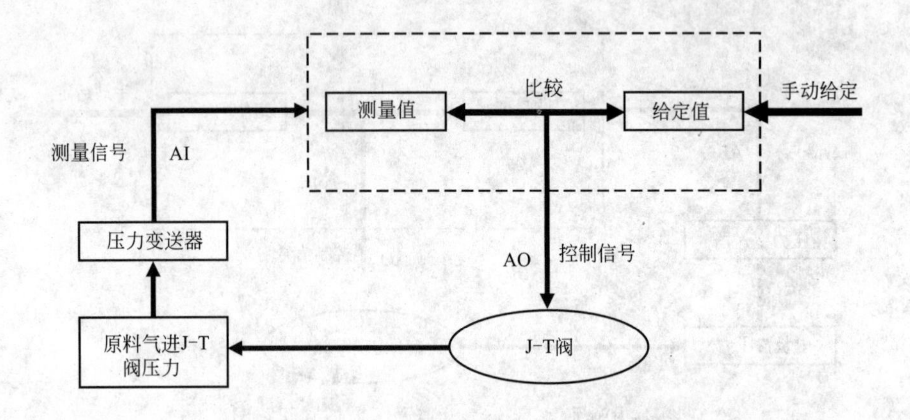

图 4-12　原料气进 J-T 阀压力控制回路图

SCS 控制器将液位期望值与实际检测到的 AI 值进行比较，得出偏差值。SCS 控制器根据偏差值做出消除偏差值的控制措施及向液位调节阀输出 AO 信号，控制调节阀开度，达到调节低温高效分离器液位的目的。控制回路如图 4-13 所示。

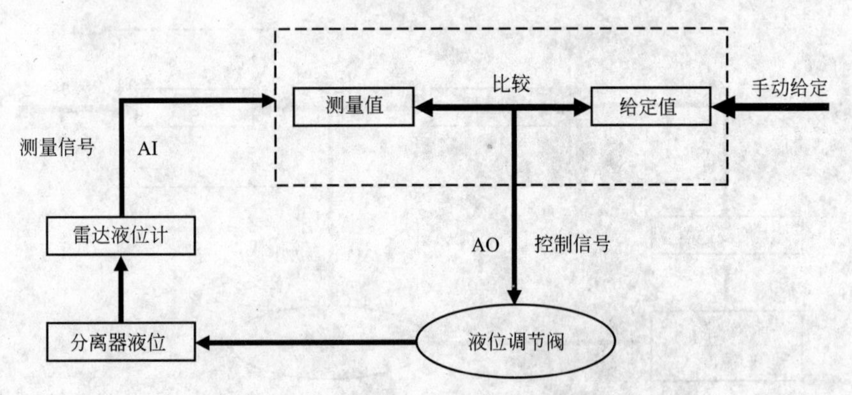

图 4-13　低温高效分离器液位控制回路图

六、EG 富液闪蒸罐压力、液位控制回路

测量仪表为 EG 富液闪蒸罐压力变送器和雷达液位计，执行机构为 EG 富液闪蒸罐放空阀和液位调节阀。控制原理：SCS 控制器内提供 EG 富液闪蒸罐压力和液位输入变量，操作员可通过上位计算机给定压力和液位期望值。压力变送器和雷达液位计分别检测 EG 富液闪蒸罐的压力和液位，并向 SCS 控制器输入 AI 信号，SCS 控制器将压力和液位期望值与实际检测到的 AI 值进行比较，得出偏差值。SCS 控制器根据偏差值做出消除偏差值的控制措施及向 EG 富液闪蒸罐放空阀输出 DO 信号和向 EG 富液闪蒸罐液位调节阀输出 AO 信号，控制放空阀的开与关和调节阀的开度，达到控制 EG 富液闪蒸罐压力与液位的目的。控制回路如图 4-14 所示。

七、重沸器乙二醇再生温度控制回路

测量仪表为重沸器温度变送器，执行机构为导热油炉流量调节阀。控制原理：SCS 控

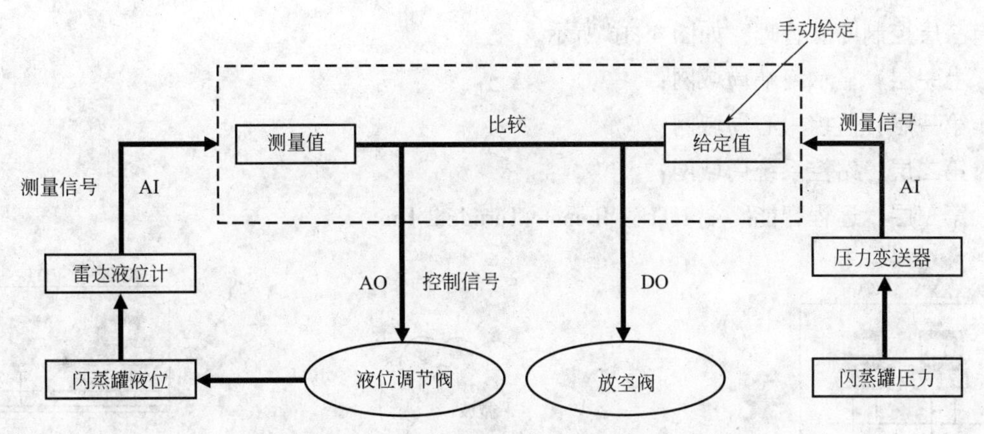

图 4-14　EG 富液闪蒸罐压力、液位控制回路图

制器内提供导热重沸器温度输入变量，操作员可通过上位计算机给定温度期望值。温度变送器检测重沸器的温度，并向 SCS 控制器输入 AI 信号，SCS 控制器将温度期望值与实际检测到的 AI 值进行比较，得出偏差值。SCS 控制器根据偏差值做出消除偏差值的控制措施及向重沸器流量调节阀输出 AO 信号，控制调节阀的开度，另重沸器上部温度变送器设置高限值，当温度达到高限时系统进行报警，提醒操作员对重沸器分度期望值进行修改，达到控制重沸器温度的目的。控制回路如图 4-15 所示。

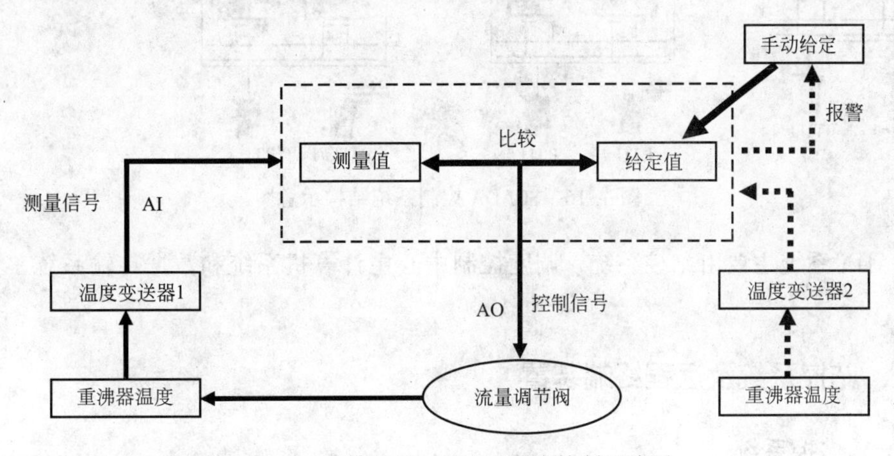

图 4-15　重沸器乙二醇再生温度控制回路图

第四节　网络通信及数据传输

SCADA（Supervisory Control And Data Acquisition）即监视控制与数据采集。在目前气田生产中，SCADA 是较典型的控制系统。SCADA 控制系统采用分散控制、集中操作、分级管理、分而自治和综合协调的设计原则。系统从上而下分为过程控制级、控制管理级、生产管理级等若干级，形成分级分布式控制。

SCADA 系统的网络是由一个显示终端局域网，一个监控中心局域网，若干个站控系统局域网，以及安装在现场的若干个 RTU 互联而成的具有分布式处理能力的广域网。它具有三层控制四层管理，如图 4-16 所示。

上一层：显示终端局域网；

第一层：监控中心局域网；

第二层：站控系统局域网；

第三层：远程智能终端 RTU（Remote Terminal Unit）。

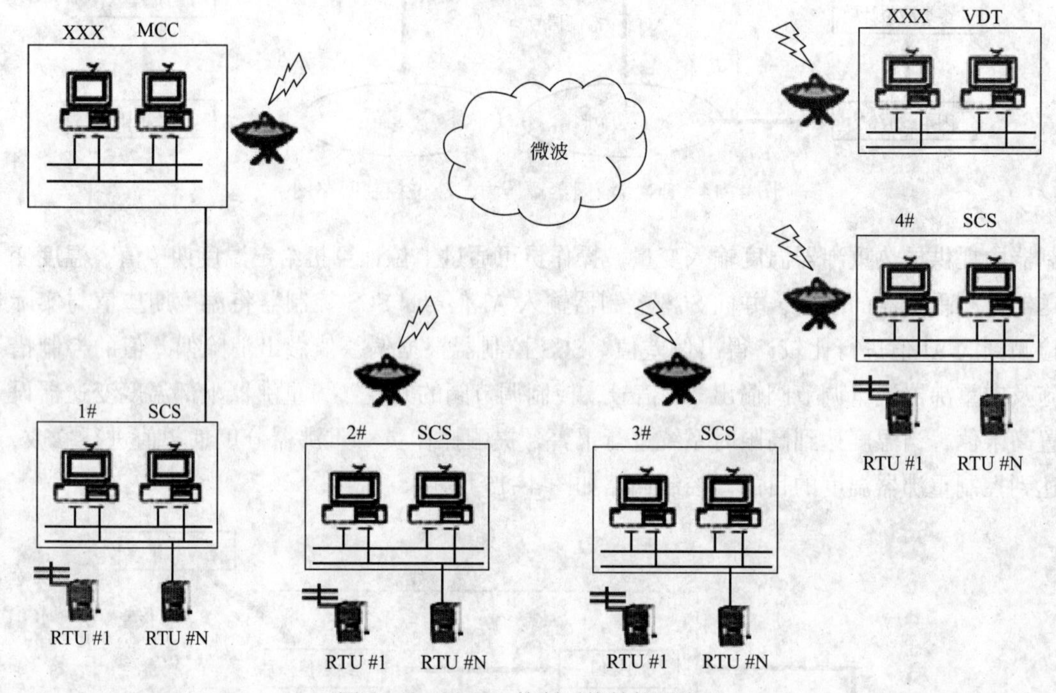

图 4-16　SCADA 控制系统结构示意图

SCADA 系统主要由站控系统、调度控制中心主计算机系统和数据传输系统三大部分组成。

一、站控系统及远程终端装置

（一）站控系统

站控系统（SCS—Station Control System）是天然气集输站场的控制系统，也是 SCADA 系统网络中最基本的控制系统，该系统主要由远程终端装置 RTU、站控计算机、通信设施及相应的外部设备组成。

站控系统通过 RTU 从现场测量仪表采集所有参数，并对现场设备进行监控，根据需要将采集的数据经过 RTU 处理、传送至站控计算机，并经通信通道传送至调度控制中心的主计算机系统，同时接受来至调度中心的远程控制指令对站场进行控制。站控系统具有独立运行的能力，当 SCADA 系统某一环节出现故障或与调度控制中心的通信中断时，不影响其数据采集和控制功能。

站控系统的硬件配置和应用程序设置应根据所控制场站的重要程度、规模和功能的不同而进行设置。被控站可分为两类：第一类是大中型站，如集气站、脱水站、调压计量站、增压机站、分输站等有人值守的站场；第二类是小型站，如阀室、清管站、阴极保护站、单井站等，通常是无人值守的站场。

（二）远程终端（RTU）

RTU 主要用于数据采集、数据处理、远程控制以及通信，同时部分 RTU 还提供操作人员接口、信息存储与检索等全部或部分功能。

远程终端可以通过通信设备接收来自上位计算机的控制信息，并将它们分别传发给受控设备，完成控制操作。同时远程终端可以直接接受来自各传感器的模拟、数字和脉冲等形式的信号输入，也可以向受控设备发出 4~20mA 或 1~5V 的控制信号以触发受控设备的执行机构。对于某些特殊功能，有时还需设置特殊的功能程序。

在上位计算机（站控计算机和调度中心计算机）出现故障时，RTU 能独立完成数据采集、处理以及控制，避免造成现场工艺过程的失控，一旦恢复与上位计算机的通讯，远程终端能够将终端期间的数据按照时间标志传送至上位计算机，以保证整个 SCADA 系统数据的完成性。

二、调度控制中心主计算机系统

SCADA 系统的区域调度中心（AMC）系统功能为：接受总调度中心的调度指令，查询要求，并返回执行情况和查询结果；向总调度中心传送实时数据和历史数据；采集实时数据，建立本区域中心的历史和实时数据库；向被控站场发送遥调、遥控指令；管网系统动态模拟显示，站场流程显示，趋势图显示；报警及事件显示、打印、处理；生产、销售及营运统计报表处理等。

SCADA 系统主站（MTU）系统按调度控制中心的功能要求，主站系统的基本功能应包括：监视和采集远程站 RTU 的运行数据；统计、分析、存储各种运行参数；打印报警/事故信息，提供生产报表；发送遥控指令，启/停压缩机和开/关站场和管道上的关键阀门；对管道系统的输配量进行调度，提高供气质量；模拟管道系统运行，优化管理，为管理系统运营决策提供依据；管道漏失的定位及监测；ADA 系统参数、状态、趋势、系统和站场流程的模拟显示；系统操作、维护的培训；系统组态、扩展。

三、数据传输系统

SCADA 系统的可靠性和可用性取决于从主站到 RTU 以及从 RTU 返回主站的数据传输情况。天然气集输工程 SCADA 系统主要采取以下几种通信媒体进行数据传输：有线、微波、卫星、同轴电缆、光纤及其他通信方式传输数据。

数字数据在通信信道上传输时，必须转换成一个音频信号，这种将数字信号转换成音频信号的技术称为调制，常用的几种调制方式有：调频、调幅和调相。调制器和解调器主件称为调制解调器（MODEM），它是由调制器和解调器两个英文单词缩写而成的一个术语。

SCADA 系统的数据传输方式主要有单工、半双工、全双工三种方式，单工传输方式只能向一个方向传输数据，且通信能力极为有限。半双工方式可以双向的传输数据，但同一时刻内只能向一个方向传输。全双工方式则允许同时双向的传输数据。

据传输率即主站与远程终端装置之间的数据传输速率，也称波特率或比特率，是指每秒钟内传输的二进制位数，以位/秒（bit/s）为单位。SCADA 系统中采用的标准波特率一般有 300bit/s、600bit/s、900bit/s、1200bit/s。300bit/s 以下为低速系统；600～4800bit/s 为中速系统，4800bit/s 以上达 19200bit/s 或更高的数据传输率为高速数据通信系统。

主站与远程终端装置之间的数据传输通信系统如图 4-17 所示。RTU 输出的数字信号经调制解调器转换成音频信号，然后由信号传输器发送，经过通信媒体将数据传输至调度控制中心（主站）的信号接收器，经调制解调器转换成数字信号后进入主计算机系统。主计算机系统的数字信号以同样的方式传输至 RTU。

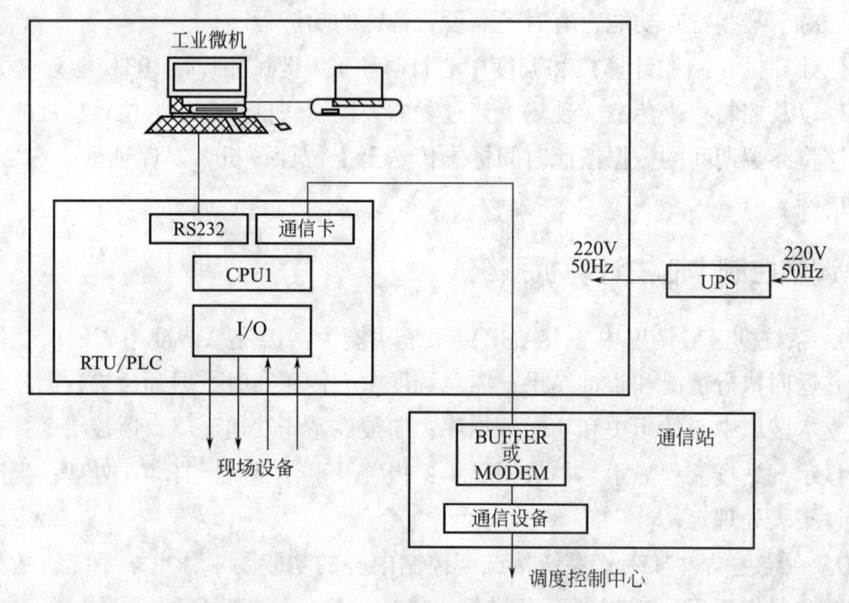

图 4-17　主站与远程终端通信示意图

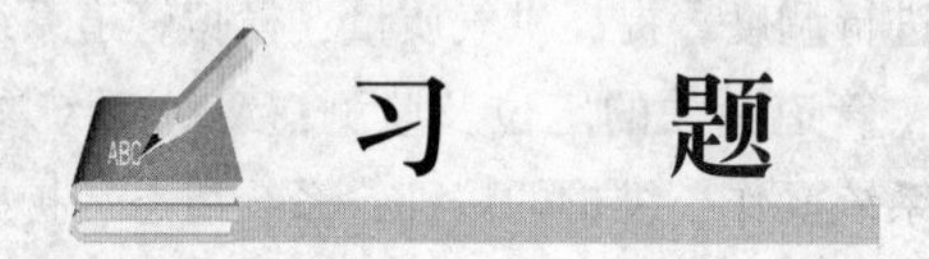

习　题

简答题

1. 简述吸收塔背压控制回路的逻辑控制原理。
2. 简述吸收塔甘醇液位调节及联锁回路的逻辑控制原理。
3. 简述重沸器甘醇温度调节及熄火保护联锁回路的逻辑控制原理。
4. 简述燃料气分液罐压力分程调节回路的逻辑控制原理。
5. 简述闪蒸罐甘醇液位调节回路的逻辑控制原理。
6. 简述甘醇循环量调节回路的逻辑控制原理。
7. 简述灼烧炉温度调节回路的逻辑控制原理。
8. 简述湿气分离器液位排污控制回路的逻辑控制原理。

第五章 天然气脱水装置运行与维护

第一节　脱水装置日常运行与操作

一、脱水装置巡检及资料录取

（一）三甘醇脱水装置巡检及资料录取

（1）井站必须按管理制度的有关要求对脱水装置进行巡回检查。巡回检查按天然气系统流程、甘醇循环系统流程、燃料气流程、冷却水循环流程、供配电流程进行。

对于重大问题，如气量增减、清管通球、游离水进入脱水系统、甘醇管路堵塞、精馏柱堵塞、脱水干气露点超标、控制系统故障、脱水装置运行异常、自控及计量仪器仪表故障、机电泵故障等直接或间接以及将来可能会影响脱水装置运行的问题和隐患必须及时分析、处理和上报。

（2）脱水装置运行参数必须实时监控，按时录取脱水装置运行日报表。报表包括天然气进站温度、压力，天然气出站温度、压力，天然气处理量，吸收塔背压，甘醇再生温度，甘醇循环量等参数，如计算机能够记录并打印数据报表，则人工录取报表每 4h 录取一次，如计算机不能记录数据报表，则每 1h 录取一次。每 4h 录取一次原料气过滤分离器、吸收塔差压及甘醇机械过滤器、活性炭过滤器差压，如遇清管等特殊情况加密监控。

每 24h 录取一次重沸器、灼烧炉燃料气消耗量；每 24h 化验一次甘醇贫富液浓度，每周务必用溴代萘和标准试样对阿贝折射仪进行校定；每周使用镜面露点仪测量一次干气露点，装置工况发生改变时使用镜面露点仪加密监测（若镜面露点仪因故没有准备到位，则使用称重法代替）。

（3）每周测量一次甘醇 pH 值，若 pH 值低于 6，应及时汇报，确定加注量后，按照相关操作规程进行加注，使其达到 7~7.5。

（4）当原料气过滤分离器差压达 50kPa、甘醇机械过滤器差压达 30kPa 以上需检查更换滤芯，吸收塔差压达 15kPa 以上，说明塔板较脏，注意观察甘醇损失情况。每天对以上三个差压值的变化进行分析，如差压值出现明显突变，需对其进一步分析、判断，然后采取相应的处理措施。

（5）实时监控过滤分离器、吸收塔、闪蒸罐、缓冲罐液位和重沸器内甘醇、精馏柱顶再生气、甘醇入泵、甘醇入塔温度。

(6) 实时记录甘醇加注量。根据甘醇加注量和缓冲罐液位变化计算甘醇当月实际消耗量和实际平均耗量（kg/$10^6$$m^3$天然气）。

(7) 井站必须按 HSE 管理制度的有关要求对脱水装置进行巡回检查，严格执行交接班制度。对于重大问题，如气量增减、清管通球、游离水进入脱水系统、甘醇管路堵塞、精馏柱堵塞、脱水干气露点超标、控制系统故障、脱水装置运行异常、自控及计量仪器仪表故障、机电泵故障等直接或间接以及将来可能会影响脱水装置运行的问题和隐患，必须及时分析、处理和上报，并填好异常情况跟踪处理卡（原则上只要没有立刻进行处理并恢复正常的问题都必须建卡）。

(8) 根据装置大修、技术改造效果分析的需要，对需增加录取的如甘醇再生系统相关温度、灼烧炉内温度等数据进行补充录取，做好资料保存并进行分析。

(9) 每周监测干气输送的地温数据，根据地温变化调整脱水装置的运行参数，同步实现节能降耗。

(10) 井站每月必须对本站的脱水装置进行一次全面的运行动态分析，填写相关表格。动态分析主要内容如下：

① 针对脱水装置主要运行参数进行分析，包括湿气入塔温度、吸收塔背压、干气露点、甘醇再生温度、精馏柱温度、甘醇浓度、甘醇循环量、甘醇平均损耗、重沸器燃料气消耗、灼烧炉燃料气消耗等参数，以及吸收塔液位、闪蒸罐压力、液位、吸收塔差压、过滤分离器差压、机械过滤器和活性炭过滤器差压等参数历史变化趋势。

② 针对主要设备运行状况，特别是自控系统、机泵设备和核心工艺设备运行状况分析。

③ 针对装置存在的重点问题进行深入分析并提出处理措施。

④ 针对装置参数优化运行进行分析，确定合理的运行参数控制范围。每月上报开发科脱水月报时一并上报脱水装置运行动态分析，脱水装置运行动态分析（包括消耗指标）作为月报的一部分内容。

⑤ 针对目前脱水装置存在的问题与不足，结合能耗管理，提出合理的解决措施或科研课题。

（二）分子筛脱水装置巡检及资料录取

(1) 正确穿戴劳动保护用品，根据规定的巡检周期、巡检路线，按照“一看、二听、三验、四查、五整改、六汇报”的方法逐点开展巡检，推荐路线：原料气脱水系统—再生气系统—燃料气系统—仪表风系统—化验室—发电房—仪表控制室。巡检频率 1 次/2h；其他时段通过自动化控制和视频监控系统操作平台上采取室内“电子”巡检，周期为1 次/h。

对于重大问题，如气量增减、清管通球、游离水进入脱水系统、加热炉故障、空冷器故障、脱水干气露点超标、控制系统故障、脱水装置运行异常、自控及计量仪器仪表故障等直接或间接以及将来可能会影响脱水装置运行的问题和隐患，必须及时分析、处理和上报。

(2) 脱水装置运行参数必须实时监控，按时录取脱水装置运行日报表。报表包括天

然气进塔温度、压力，天然气出塔温度、压力，天然气处理量，再生气流量，加热炉炉膛温度、出口温度等参数，如计算机能够记录并打印数据报表，则人工录取报表每 4h 录取一次，如计算机不能记录数据报表，则每 1h 录取一次。每 4h 录取一次原料气过滤分离器差压，如遇清管等特殊情况加密监控。

每 24h 录取一次加热炉燃料气消耗量；每周使用镜面露点仪测量一次干气露点，装置工况发生改变时使用镜面露点仪加密监测（若镜面露点仪应故没有准备到位，则使用称重法代替）。

（3）当原料气过滤分离器差压达 50kPa 以上需检查更换滤芯，每天对过滤分离器差压值的变化进行分析，如差压值出现明显突变，需对其进一步分析、判断，然后采取相应的处理措施。

（4）实时监控加热炉、吸附塔进出口、空冷器、温度和再生分离器、过滤分离器的液位。

（5）每周监测干气输送的地温数据，根据地温变化调整脱水装置的运行参数，同步实现节能降耗。

（6）井站每月必须对本站的脱水装置进行一次全面的运行动态分析，填写相关表格。动态分析主要内容如下：

① 针对脱水装置主要运行参数进行分析，包括天然气进塔温度、压力，天然气出塔温度、压力，天然气处理量，再生气流量，加热炉炉膛温度、出口温度等参数，以及过滤分离器液位、再生分离器液位、过滤分离器差压等参数历史变化趋势。

② 是针对主要设备运行状况，特别是自控系统、核心工艺设备运行状况分析。

③ 针对装置存在的重点问题进行深入分析并提出处理措施。

④ 针对装置参数优化运行进行分析，确定合理的运行参数控制范围。

⑤ 针对目前脱水装置存在的问题与不足，结合能耗管理，提出合理的解决措施或科研课题。

（三）J–T 阀脱水装置巡检及资料录取

（1）根据设计规范要求，乙二醇脱水装置必须满足干气露点较管输条件下低于最低输送环境温度 5℃。装置运行按照控制露点满足要求的条件下，适当调节循环量、乙二醇再生温度等，以达到节能的目的。装置主要控制运行参数见表 5–1。

表 5–1　J–T 阀脱水设计参数（储气库）

参　数	数　值
处理量，$10^4m^3/d$	700
原料气压力，MPa	9~14
进站温度，℃	8~26
乙二醇循环量，kg/h	370
乙二醇再生温度，℃	120~129
贫液浓度，%	80

续表

参　数	数　值
富液浓度,%	62.5
换热器入口温度,℃	<40
换热器出口温度,℃	<65
闪蒸罐压力，MPa	1.0
仪表风压力，MPa	0.3~0.7
过滤分离器压差，kPa	<50
机械过滤器压差，kPa	<30
干气露点,℃	-18~-5

（2）天然气系统巡检内容包括：

① 检查各阀门、法兰、管件有无跑、冒、滴、漏现象。

② 现场人员检查 J-T 阀现场阀位是否与中控室显示一致。

③ 监测水露点温度值，露点温度-18~-5℃之间，管壳换热器温差控制在 10℃。

（3）乙二醇再生系统巡检内容如下：

① 乙二醇再生系统是否存在跑、冒、滴、漏现象。

② 检查乙二醇再生系统循环泵运行是否有异常噪声、震动现象，循环泵启动电流和运转电流是否超过规定范围，循环泵电动机温度不超过 60℃。

③ 完善集注站的地温检测设备，并每周监测干气输送的地温数据，根据地温变化调整脱水装置的运行参数，同步实现节能降耗。

④ 用浓度计每日分析一次再生乙二醇浓度，再生乙二醇的浓度保持在 80%以上。

⑤ 检查过滤分离器及机械过滤器的差压，当原料气过滤分离器差压达 50kPa、乙二醇机械过滤器差压达 30kPa 以上需检查更换滤芯。

⑥ 用浓度计每日分析一次再生乙二醇浓度，再生乙二醇的浓度保持在 80%以上。

⑦ 实时记录乙二醇加注量，根据乙二醇加注量和缓冲罐液位变化计算乙二醇实际消耗量和实际平均耗量，乙二醇消耗量控制在<15mg/m^3。

（4）巡检周期：脱水工艺区周期为 1 次/4h。巡检人员要求：必须有 1 人或 1 人以上。巡检完成后填写“脱水装置运行日报表”。

（5）脱水装置运行参数必须实时监控，按时录取“J-T 阀脱水装置运行日报表”，包括 J-T 阀前、阀后压力和温度，脱水装置处理量，干气露点、乙二醇入泵温度、闪蒸分离器液位、再生塔顶温度、重沸器温度、乙二醇循环量、仪表风压力等参数。

（6）人工录取报表每 4h 录取一次。每 4h 录取一次原料气过滤分离器、吸收塔差压及乙二醇机械过滤器、活性炭过滤器差压，如遇清管等特殊情况加密监控。每 24h 录取热媒炉燃料气消耗量。

（7）脱水装置运行效果监测与控制。每 24h 化验一次乙二醇贫富液浓度；每个月使用镜面露点仪至少测量一次干气露点，装置工况发生改变时使用镜面露点仪和称重法进行及时监测和加密监测，直至其运行平稳，若安装了在线露点分析仪且能正常运行，露点值实时监控、每4h录取一次；每周测量一次乙二醇pH值，若pH值低于6，应及时汇报，确定加注量后，按照相关操作规程进行加注，使其达到7~7.5；脱水装置大修前对乙二醇做一次全组分分析，以确定乙二醇是否需要更换，如乙二醇严重污染变黑可不作分析，大修时更换。

（8）当原料气过滤分离器差压达50kPa、乙二醇机械过滤器差压达30kPa以上需检查更换滤芯，注意观察乙二醇损失情况。每天对以上两个差压值的变化进行分析，如差压值出现明显突变，需对其进一步分析、判断，然后采取相应的处理措施。

（9）实时记录乙二醇加注量，根据乙二醇加注量和缓冲罐液位变化计算乙二醇实际消耗量和实际平均耗量（$kg/10^6m^3$ 天然气）。

（10）每月必须对本站的脱水装置进行一次全面的运行动态分析，包括湿气入换热器温度、压力、干气露点、乙二醇再生温度、提馏柱温度、乙二醇浓度、乙二醇循环量、乙二醇平均损耗、热媒炉系统燃料气消耗等参数，以及闪蒸罐压力、液位、过滤分离器差压、机械过滤器和活性炭过滤器差压等参数历史变化趋势。

二、脱水装置日常操作

（一）三甘醇脱水装置日常操作

1. 甘醇pH值调节剂加注操作

1）准备工作

（1）准备好试管、量筒/量杯（0~100mL）、玻棒、pH试纸（酸度计）、标准比色卡。

（2）准备好三乙醇胺（二乙醇胺），清水。

（3）调试好三剂泵，用清水清洗加注装置。

2）操作步骤

（1）取样分析三甘醇pH值。

（2）如果pH值小于6，需要加注pH值调节剂。

（3）导通加注三剂系统流程，开泵进出口控制阀，导通加注流程。

（4）计算好加注量，加注时间。

（5）用一定量贫三甘醇混合三乙醇胺（二乙醇胺）。

（6）计算三剂泵排量。

（7）启泵调节流量，缓慢加注三乙醇胺（二乙醇胺）。

（8）加注完毕后测试pH值。

（9）加注合格后，停化学剂泵。

（10）清洗加注装置，保养维护好泵，并做好记录。

3）技术要求

（1）确定pH值小于6.0时，方可进行三乙醇氨加注，直到pH=7.0~7.5为合格，严禁pH值超过8.0。

（2）pH调节剂加注不得过量，应分成几次进行，按脱水装置内每1t三甘醇每一次加注 60mL 三乙醇胺。每次加注时间为 T，再运行 T（h）后测试 pH 值。

（3）加注量 $V_{剂}$（mL）：

$$V_{剂}=60\times Q \tag{5-1}$$

式中　Q——装置内甘醇质量，t。

（4）计算加注时间 T（h）：

$$T=\frac{Q}{Q_{s}\times 0.0011254} \tag{5-2}$$

式中　Q_{s}——循环量，L/h。

（5）计算三剂泵排量 $V_{排}$（mL/h）：

$$V_{排}=\frac{V_{剂}+V_{醇}}{T} \tag{5-3}$$

2. 脱水装置加注（补充）甘醇操作

1）准备工作

（1）检查三甘醇储罐，确保储罐液位在正常范围内。

（2）检查补充泵是否正常工作。

2）操作步骤

（1）导通加注流程，开泵出口控制阀，全开泵旁通阀。

（2）启动补充泵加注

（3）直到重沸器、缓冲罐液位达到正常值。

（4）加注完毕，做好记录。

3）技术要求

控制加注速度，控制重沸器温度降不大于 0.5℃/min，且重沸器温度不低于 180℃。加注期间监控缓冲罐及储罐液位。

3. 甘醇回收操作

1）准备工作

确保甘醇储罐清洁，检查储罐的呼吸口通大气。

2）操作步骤

（1）重沸器熄火，继续循环甘醇，甘醇温度降到 65℃停泵，甘醇停止循环。

（2）导通重沸器、缓冲罐至甘醇储罐的回收流程。

（3）回收甘醇至储罐。

（4）回收完毕关闭所有回收阀门，并上锁挂牌。

（5）做好工作记录，收拾工具。

3）技术要求

（1）甘醇温度降到 65℃停泵。

（2）对于甘醇循环泵为电泵，将吸收塔泄压至高于闪蒸罐正常工作压力 0.2MPa 左右（不得高于闪蒸罐最高工作压力），手动控制吸收塔和闪蒸罐液位阀为 5%～15%开度，将吸收塔甘醇经闪蒸罐、重沸器、缓冲罐回收至储罐，回收完毕关闭吸收塔液位阀，并将吸收塔泄压至零。

（3）回收完毕关闭闪蒸罐液位阀，并将闪蒸罐及机械、活性炭过滤器泄压至零。

（4）如果甘醇储罐容量不足或其他原因无法使用，准备足够干净的甘醇空桶，用离心泵回收。

4. 甘醇循环泵缓冲罐充气操作

1）准备工作

准备好必要的工具。

2）操作步骤

（1）控制回路转为手动，在控制面板上，将甘醇循环量控制回路转为手动。

（2）倒换流程，全开缓冲罐旁通阀，全关缓冲罐进、出口控制阀。

（3）回收缓冲罐内甘醇，将缓冲罐泄压为零后开回收阀回收。回收完毕后关闭回收阀。

（4）充气，缓慢开启天然气补充阀，直到缓冲罐内压力等于吸收塔压力时关闭补充阀。

（5）倒换流程，缓慢直至全开缓冲罐进、出口控制阀，全关缓冲罐旁通阀。

（6）控制回路转为自动，待甘醇循环量稳定后，在控制面板上将甘醇循环量控制回路由手动转为自动并重新设定设定值。

（7）做好工作记录，收拾工具。

3）技术要求

（1）缓冲罐旁通阀未全开就全关缓冲罐进、出口控制阀可能导致甘醇泵出口管线及设备超压，损坏泵。

（2）缓冲罐压力过高就打开回收阀，回收完毕后未关闭回收阀就打开充气控制阀，可能导致回收管路及储罐超压。

5. 脱水站 UNION 泵操作

1）准备工作

（1）检查机壳接地线是否紧固、有无锈蚀。

（2）检查连接管线、阀门有无松动、泄漏。

（3）检查机油液位是否合适。

（4）皮带松紧度及磨损情况。

（5）用手盘动泵体皮带盘数圈，转动应灵活，无卡阻及异响。

2）操作步骤

（1）流程倒换，打开吸入、排出管路的控制阀，回流阀。

（2）无负载运转，合上电源、按下启动按钮，让泵无负载运转 5~10min，观察排空和上液是否正常。

（3）加载运行。

（4）工况调整。

（5）监控。

（6）卸载。

（7）停机。

（8）做好工作记录，清扫场地。

3）技术要求

启泵时，合上电源、按下启动按钮，让泵无负载运转5~10min，观察排空和上液是否正常。

6. 能量回收泵操作

1）准备工作

（1）检查吸收塔压力不小于2.1MPa。

（2）检查连接管线、阀门有无松动、泄漏。

（3）检查各进出泵阀门、速度控制阀、检查口阀门是否关闭。

（4）过滤器排污或清洗，确保过滤器畅通。

2）操作步骤

（1）流程倒换，开启高低压富甘醇进（出）泵阀门、高压贫甘醇去吸收塔阀门、低压贫甘醇入泵阀门。

（2）启泵，缓慢同时打开两个速度控制阀，使泵达到额定的最大冲程数的1/3，缓慢打开贫液及富液检查口阀门检查，当每次冲程检查口都有甘醇流出时，则关闭检查口，连续运转泵直到富甘醇返回到泵里，甘醇出现循环。

（3）工况调整。

（4）停泵，缓慢关闭速度控制阀，使能量回收泵逐渐停止运转。

（5）流程倒换，依次关闭高压富液入泵阀门、高压贫液去吸收塔阀门、低压贫甘醇入泵阀门，低压富液出泵阀门。

（6）泄压。

（7）做好工作记录，清扫场地。

3）技术要求

速度调节阀开启、关闭过快或速度不一致，可能导致甘醇泵运行不平稳，损伤泵内部零部件。

7. 更换活性炭（机械）过滤器滤芯操作

1）准备工作

（1）准备工用具：扳手、棉纱、滤芯、垫片、水管。

（2）清洁滤芯：将新的滤芯进行清洁，避免污染甘醇。

2）操作步骤

（1）倒换流程，全开过滤器旁通阀，关闭过滤器上下游控制阀。

（2）放空泄压，开排空阀；将过滤器泄压为零。

（3）回收甘醇，开回收阀将甘醇回收，回收完毕，关闭回收阀。

（4）打开顶盖取出滤芯。

(5) 清洗过滤器，开启过滤器排污阀，用水清洗过滤器内壁，将水及污物排尽后关闭排污阀。

(6) 装入滤芯，上紧顶盖。

(7) 置换空气及验漏，开启过滤器上游控制阀置换空气，调整旁通阀开度，直到排空阀口有甘醇溢出后立即关闭排空阀进行验漏。

(8) 恢复生产。

3) 技术要求

(1) 泄压时，人员不能正对排空口，过滤器带压就打开顶盖可能导致人员受伤。

(2) 置换空气时，要排出空气，未排完可能导致气锁造成甘醇无法正常循环。

8. 脱水装置开车操作

1) 准备工作

(1) 检查所有的仪器仪表是否正常。

(2) 确保动力到位，空压机持续提供符合要求的仪表风。

(3) 检查控制屏上主要工艺参数设定正确。

(4) 确认所有过滤元件装填完毕。

(5) 逐级调节好燃料气各级操作压力，燃气系统运行正常。

(6) 灼烧炉点火，调节好一、二次风门，确保火焰燃烧正常。

(7) 确认重沸器、缓冲罐已加满甘醇；甘醇应有一定备用量。

(8) 检查流程，确保所有阀门、仪表、接头齐全，阀门开闭位置符合要求；仪表引液、引压阀开启。

(9) 安全防护设施、灭火器材齐全完好。

(10) 循环冷却水畅通。

(11) 吸收塔已置换、升压验漏合格，处于泄压为零状态。

2) 甘醇的冷循环

(1) 当循环泵为能量回收泵，吸收塔先建压后建液。吸收塔建压：缓慢打开脱水装置进气阀，严格控制进气速度，压力上升速度控制在0.05~0.1MPa/min，将吸收塔压力建至操作压力，全开装置进、出气阀。吸收塔建液：吸收塔建压至操作压力时启泵循环。

(2) 当循环泵为电泵，吸收塔先建液后建压。①吸收塔建液：吸收塔建液达到正常液位；②吸收塔建压：缓慢打开脱水装置进气阀，严格控制进气速度，压力上升速度控制在0.05~0.1MPa/min；③待吸收塔压力建至操作压力，全开装置进、出气阀。将吸收塔出口液位调节阀投入自动控制状态。

(3) 闪蒸罐液位达到设定值时，闪蒸罐建压0.35~0.45MPa，将闪蒸罐液位调节阀投入自动控制状态，将闪蒸罐压力调节阀投入自动控制状态（若有压力控制回路）。

(4) 打开机械过滤器、活性炭过滤器进出口阀。甘醇温度较低时，活性炭过滤器走旁通，待甘醇温度升高后倒入正常流程。

3）甘醇的热循环

（1）重沸器点火，重沸器点火，调节一次、二次风门，确保燃烧火焰正常。

（2）再生系统升温，控制重沸器温升不超过35℃/h，严禁加热过快。重沸器温度在170～202℃，且甘醇浓度大于98%时，完成热循环。监控精馏柱顶部温度，避免温度过高导致水蒸气携带大量甘醇进入灼烧炉。

4）装置进气和生产调节

（1）装置进气。当塔压达工作压力时，在控制室手动缓慢打开出吸收塔背压调压阀，控制其开度，并注意观察吸收塔塔压的变化情况，适当调整调节阀的开度，直到吸收塔压力稳定在设定值很小范围内波动（±0.1MPa），处理量在规定值$1\times10^4m^3/d$内，吸收塔背压调节阀投入自动控制。吸收塔背压调压阀小于4%/min的速度打开。

（2）参数、流程确认。确认各操作参数处于正常状态，调整流程为正常生产流程，并将所有自控回路投入自控，注意正确进行流程倒换，防止装置或管线憋压。开车未稳定前，确保所有操作参数在正常范围内波动。投入自动后检查所有的参数设定是否正常，显示是否正确。

（3）根据分析化验结果，调整有关运行参数，并做好原始资料录取。

5）技术要求

（1）严格控制压力上升速度控制在0.05～0.1MPa/min。

（2）重沸器升温时，控制重沸器升温速度在35℃/h以内，在90℃、120℃、150℃时稳定0.5h；重沸器温度不超过204℃。

（3）进气前确认流程倒通；以低于4%/min的开度缓慢打开背压调节阀，并监控压力。

9. 脱水装置短期正常停车操作

1）准备工作

准备好必要的工具及消防器材，做好甘醇回收准备。

2）操作步骤

（1）停止进气，上游单井关井：①待脱水装置处理量为零后，再缓慢关闭吸收塔背压调节阀，然后关闭进站阀。②注意观察吸收塔，闪蒸罐液位，防止液位超高。

（2）脱水装置互倒：取得调度指令，确认具备倒气条件，与进气装置配合操作，缓慢关闭吸收塔背压调节阀（<4%/min）直到脱水装置处理量为零，吸收塔背压调节阀全关，然后关闭进站阀。注意观察吸收塔，闪蒸罐液位，防止液位超高。

（3）保持热循环，停车小于72h，将重沸器再生温度设定至120℃，继续热循环。

（4）保持吸收塔、闪蒸罐、重沸器、缓冲罐各压力、液位在正常范围，做好开车准备。

3）技术要求

（1）待脱水装置处理量为零后，再缓慢关闭吸收塔背压调节阀。

（2）停止进气时，缓慢关闭吸收塔背压调节阀（<4%/min），加强气量及压力监控。

10. Michell便携式露点仪操作

1）准备工作

准备工具：活动扳手2把、露点仪专用扳手2把、便携式硫化氢检测仪、Michell便携式露点仪。

2）操作步骤

（1）关闭压力表取压阀，放空泄压。

（2）拆卸压力表。

（3）吹扫。

（4）连接露点仪。

（5）开过滤排空控制阀。

（6）打开流量控制阀。

（7）开机。

（8）读数。

（9）关机。

（10）关闭气源，放空泄压。

（11）拆卸仪器。

（12）做好记录，清扫场地。

3）技术要求

（1）打开过滤器排空控制阀时，注意调节过滤排空流速至3~5L/m。

（2）测量时，仪器显示屏上出现stable后，立即读取露点值。

11. 重沸器、灼烧炉电子点火操作

1）准备工作

（1）检查燃料气调节阀上（下）游控制阀及旁通阀关闭，燃料气其他流程畅通，压力正常，进风系统及烟道畅通。

（2）给点火装置送电，确认电子点火器能够产生高压电火花。

（3）操作人员佩戴护目镜。

2）操作步骤

（1）按住点火器开关，产生电火花。

（2）点引导火。

（3）点主火，调节配风。

（4）做好工作记录。

3）技术要求

（1）先点火，后开气。

（2）若点火不成功，立即切断气源，间隔5~10min自然排空炉膛余气后再点火。

（3）点火时，人不能正对炉门。

12. 天然气含水量测定（称重法）操作

1）准备工作

（1）准备好10mL的注射器、分析天平、湿式流量计、温度计、空盒气压表、P_2O_5、脱脂棉、橡皮管、滤纸、橡胶手套。

（2）检查天平盘清洁，调节天平的水平及零点。

（3）佩戴好橡胶手套，将干燥的注射器两端堵上脱脂棉，中间加入适量干燥的 P_2O_5，两头用橡皮管密封，用滤纸擦拭干净注射器外壁。

（4）检查湿式流量计装入了规定的水，插上温度计，调节水平。

2）操作步骤

（1）连接好吸收管与取样管线及湿式流量计，置换吸收管内空气。

（2）先用托盘天平进行初测质量，再用分析天平进行准确称重，记下初值 $m_{初}$（g）。

（3）取样，记下气体流量计出口处温度 t（℃）大气压力 p（kPa）。

（4）吸收管称重，记下终值 $m_{终}$（g）。

（5）计算气体中水分 W_C（mg/m^3）。

（6）做好工作记录，收拾工具。

3）技术要求

（1）取样时，先以 2~3L/min 的流速通气 20L 置换管内空气。

（2）分析天平使用：称量物体不得超过天平的最大称重量；开关天平轻缓，加减砝码要关闭天平的升降柢，以免震动造成天平刀口损坏。天平使用完后，应将各部件恢复原位，关好天平，切断电源。

（3）计算气体中水分 W_C（mg/m^3）：

$$W_C = \frac{m_{终} - m_{初}}{kV} \times 10^6$$

$$k = \frac{p}{101.325} \cdot \frac{293.15}{t + 273.15} \tag{5-4}$$

式中 V——取样体积，L；

k——气体体积校正系数。

13. 三甘醇浓度测定操作

1）准备工作

（1）用标准试样对阿贝折射仪进行校验。

（2）比色管必须是干净、干燥、具塞。

（3）玻棒必须干净无污物，使用前用擦镜纸擦干。

（4）准备好仪器和器具：阿贝折射仪、比色管（具塞）、玻棒、擦镜纸。

2）操作步骤

（1）用比色管取 10mL 左右的三甘醇溶液。

（2）用擦镜纸擦干净磨砂面，用玻棒沾取三甘醇溶液滴加在进光棱镜的磨砂面上，旋紧棱镜锁紧于柄。

（3）调节两仪光镜，使二镜筒视场明亮。

（4）旋转手轮，在望远镜中观察明暗分界线上下移动，同时旋转阿米西棱镜手轮，使视线内除黑、白二色外无其他颜色，当视场中无色分界线在十字线中心时，读取折射率 $N_{D测}$。

（5）从温度计座温度计上读取测试时温度 t。

（6）计算 $N_{D校}$：

$$N_{D校}=N_{D测}+(t-16)\times0.0004 \tag{5-5}$$

（7）计算三甘醇浓度 C（%）：

$$C=817.5\times N_{D测}-1090.7 \tag{5-6}$$

其中：817.5，1090.7 为实验所得常数。

3）技术要求

（1）操作阿贝折射仪时要避免振动或撞击，此防止光学零件损伤影响精度。

（2）测试完成后，打开棱镜，用擦镜纸轻轻擦干，不允许用擦镜纸以外的任何东西接触棱镜，以免损坏它的光学平面。

（3）仪器清洁后，用布或塑料袋罩上，防止灰尘侵入，并放置干燥剂防潮。

14. 镜面法测量天然气露点操作

1）准备工作

（1）安全防护设施齐全。

（2）准备：液氮杯、乙二醇过滤器芯、镜头纸、洗耳球、活动扳手、裘皮手套、乳胶管、验漏液、毛巾、水桶。

（3）连接并吹扫取样管线不少于 2min。

（4）安装固定支架和镜面露点仪，以及配套设备，佩戴裘皮手套，将液氮倒入液氮杯。

2）操作步骤

（1）关闭仪器进、出气端针阀，缓慢打开取样阀，打开取样转换接头针阀并验漏。

（2）打开仪器进气针阀。

（3）适度打开放空阀。

（4）将液氮杯中的液氮与铜棒尖端部分接触，缓慢降低温度。

（5）观察镜面和温度计指示，当出现第一滴露时，按下 Hold 按钮，记录最初结露时的温度和压力。

（6）取下液氮杯，让镜面升温，使露点消失，记录镜面消露时的温度，并按 Hold 按钮，记录最初消露时的温度和压力。

（7）重复（4）至（6）步。

（8）关闭取样阀，对取样管路和镜面露点仪泄压后，关闭取样转换接头针阀，拆卸取样管、镜面露点仪。

（9）做好工作记录，收拾工具，按规定存放好镜面露点仪、液氮。

3）技术要求

（1）将结露温度和消露温度的平均值作为被测气体的水露点（计算水露点）。结露和消露两者之间温差不应大于 2℃，若温差大于 2℃时以结露为准。

（2）测量时，降温速度不能超过 5℃/min。

15. pH 值测定操作

1）准备工作

（1）准备好石蕊试纸，标准比色卡。

（2）比色管、玻棒各一支、比色管架一台。

2）操作步骤

（1）取干净的比色管一支，用测定用三甘醇润洗比色管三次。

（2）用比色管取 10mL 左右的三甘醇溶液放置于比色管架上。

（3）用干净玻棒沾取溶液滴于石蕊试纸上，使其被充分吸收后与比色卡对照，可得三甘醇浓度的 pH 值。

3）技术要求

（1）测试前，将玻棒、比色管清洗干净。

（2）要求石蕊试纸有效在干燥的环境中。

16. 重沸器程序控制点火操作

1）准备工作

检查燃料气流程是否畅通，检查进、排风系统是否畅通。

2）操作步骤

（1）关闭燃料气截断阀。

（2）按吹扫按钮进行吹扫。

（3）按点火按钮，打开燃料气截断阀。

（4）点主火，调节配风。

3）技术要求

若点火不成功，立即切断气源，间隔 5~10min 后再操作。

17. 柴油发电机跑车操作

1）准备工作

（1）组织相关人员做好准备，穿戴好劳保用品。

（2）检查和维护保养发电机前，将发电机置于“停止”挡。

（3）检查水箱水位是否合适，不足添加。

（4）检查机油、柴油油位和质量，不合格的进行添加或更换。

（5）检查电瓶电解液液位，不足时要添加补充液或蒸馏水。

（6）检查传动皮带有无裂纹、撕破或磨光，保持张力合适，不合格的更换。

（7）检查充电、启动系统及电瓶线连线是否紧固，接头是否氧化起卤。

（8）检查蜗轮增压器有无漏油、漏液或漏气。

（9）检查预热系统，无松动、断裂现象，如环境温度低于 15℃，启用预热系统。

（10）检查空气滤清器是否清洁，并清理表面脏物。

2）操作步骤

（1）启动发电机跑车。

（2）监控。

（3）停机。

（4）检查。

（5）恢复。

3）技术要求

机组运行时严禁正对电动机、风扇旋转切线方向。

（二）分子筛脱水装置日常操作

1. 脱水装置开车操作

1）准备工作

（1）动力供应到位。

（2）空压机持续提供符合要求的仪表风。

（3）单机调试已完成。

（4）在控制屏上主要工艺参数设定正确。

（5）所有过滤元件装填完毕，燃气系统运行正常。

（6）逐级调节好燃料气各级操作压力。

（7）加热炉点火，现场控制面板显示正常。

（8）分子筛已填装完毕。

（9）所有阀门、仪表、接头齐全，阀门开闭位置符合要求；仪表引液、引压阀开启（开车前，设定好各放空阀的设定值）。

（10）安全防护设施、灭火器材齐全完好。

（11）加热炉、风冷装置电机能正常工作。

（12）检查开启燃料气管线上的66号、67号、59号、72号阀门，开启凉风脱水站燃料气工艺流程上的96号阀，导通燃料气流程。

2）操作步骤

（1）检查确认加热炉现场的各参数值，并在现场控制面板上将其设置为远程自动控制模式。

（2）设定好再生气流量值，并将再生流量调节阀投入到自动控制状态。

（3）设定好干气出站背压调节阀，并将其投入到自动控制状态。

（4）将过滤分离器、再生分离器的液位变送器倒至盘通开启状态，并将其液位调节阀投入手动关闭状态。

（5）点击控制面板上的恢复（reset）按钮，倒通气流通道。

（6）在工控机上远程启动加热炉系统。

（7）检查确认生产系统正常、稳定运行，做好记录。

3）技术要求

（1）开车前设定好各放空阀的起跳压力值。

（2）吸附塔压力上升速度控制在0.35MPa/min以内。

2. 脱水装置短期正常停车操作

1）操作步骤

（1）逐渐减少进入分子筛脱水装置的天然气量，系统检测到流量低后将整个脱水装置将自动停车。

（2）确认装置停车以后，关闭进出站阀门。

（3）若需要分子筛装置泄压的生产操作，应首先关闭出站自动放空阀后端的放空阀门，再按 ESD 紧急停车，自动放空阀将开启，此时可缓慢开启后端的放空阀放空泄压。

2）技术要求

（1）若需要分子筛装置泄压的生产操作，缓慢开启放空阀放空泄压，放空过程要缓慢，不能过快，控制在小于 200kPa/min 的范围内，防止泄压过快造成分子筛床层移动，分子筛破碎损坏。

（2）需在分子筛脱水装置吸附过程结束时或在分子筛冷却阶段再生塔的出口温度与进口温度相近时进行停车操作。

（三）J-T 阀脱水装置日常操作

1. J-T 阀脱水装置开车操作

1）准备工作

（1）检查所有的仪器仪表是否正常。

（2）确保动力到位，空压机持续提供符合要求的仪表风。

（3）检查控制屏上主要工艺参数设定正确。

（4）确认所有过滤元件装填完毕。

（5）逐级调节好燃料气各级操作压力，燃气系统运行正常。

（6）导热油炉点火，确保火焰燃烧正常。

（7）确认重沸器、缓冲罐已加满乙二醇；乙二醇应有一定备用量。

（8）检查流程，确保所有阀门、仪表、接头齐全，阀门开闭位置符合要求；仪表引液、引压阀开启。

（9）安全防护设施、灭火器材齐全完好。

2）操作步骤

（1）导热油炉点火：重沸器点火，调节一次、二次风门，确保燃烧火焰正常。

（2）再生系统升温：控制导热油炉升不超过 10℃/h，严禁加热过快。控制导热油系统出口温度在 120℃以内，防止重沸器温度过高。

（3）闪蒸罐建液建压：闪蒸罐液位达到设定值时，闪蒸罐建压 0.4~0.5MPa，将闪蒸罐液位调节阀投入自动控制状态，将闪蒸罐压力调节阀投入自动控制状态（若有压力控制回路）。

（4）启泵：打开吸入、排出管路的控制阀；根据生产需要设定泵排量，调整泵流量调节装置；在现场控制柜上开启乙二醇注入泵。

（5）装置进气：导通脱水装置流程，当单井开启后，进脱水装置压力达到设计要求后，在控制室手动缓慢打开出脱水装置进出口阀门，开启 J-T 阀并且控制其开度，并注意观察 J-T 阀前后压力和温度变化情况，适当调整调节阀的开度，监控高效分离器液位值变化情况，液位达到设定值后，将高效分离器投入自动状态。

（6）参数、流程确认：确认各操作参数处于正常状态，调整流程为正常生产流程，并将所有自控回路投入自控，注意正确进行流程倒换，防止装置或管线憋压。开车未稳定前，确保所有操作参数在正常范围内波动。投入自动后检查所有的参数设定是否正常，显示是否正确。

(7) 启用机械、活性炭过滤器：打开机械过滤器、活性炭过滤器进出口阀。乙二醇温度较低时，活性炭过滤器走旁通，待乙二醇温度升高后倒入正常流程。

(8) 再生系统升温：控制重沸器温升不超过10℃/h，严禁加热过快。重沸器温度在120~126℃，且乙二醇醇浓度大于80%时，完成热循环。监控精馏柱顶部温度，避免温度过高导致水蒸气携带大量乙二醇进入冷凝管线，造成乙二醇的浪费。

2. 脱水装置短期正常停车操作

操作步骤

(1) 停止进气：①上游单井关井后，再关闭脱水装置J-T阀，然后脱水装置进出口启动截断阀。②注意观察高效分离器液位，闪蒸罐液位，防止液位超高。

(2) 脱水装置互倒：取得调度指令，确认具备倒气条件，与进气装置配合操作，先开启备用脱水装置J-T阀和进出口阀门，再次过程中缓慢开启备用J-T阀开度，关闭停用J-T开度，达到正常处理量后，关闭停用脱水装置J-T阀和进出口阀门。注意观察吸收塔，闪蒸罐液位，防止液位超高。

(3) 保持热循环：停车小于72h，将重沸器再生温度设定至80℃，继续热循环，乙二醇注入泵停止注入。保持闪蒸罐、重沸器、缓冲罐各压力、液位在正常范围。做好开车准备。

3. 乙二醇再生

1) 系统启用操作

(1) 检查乙二醇再生釜中乙二醇液位应在40%~50%，初次启动应加99%以上纯乙二醇。

(2) 导通低温分离器富乙二醇进料线流程。

(3) 确认进乙二醇系统打开。

(4) 打开乙二醇再生塔进料乙二醇两路过滤器进、出口手动球阀，可根据需要投用一路或两路，打开塔顶预热器进、出口手动球阀，关闭两路过滤器前低点排污手动截止阀及塔顶预热旁通手动截止阀。

(5) 打开进乙二醇富液闪蒸罐的手动球阀及闪蒸罐出口调节阀前后手动球阀，关闭调节阀旁通手动截止阀，根据生产情况设定调节阀值。

(6) 打开乙二醇富液闪蒸罐气相放空调节阀前后手动球阀，关闭旁通手动截止阀，根据生产情况设定调节阀值。

(7) 打开乙二醇塔顶换热器前后手动球阀，关闭旁通手动球阀。

(8) 打开乙二醇塔顶换热器去排污罐及手动球阀。

(9) 确认乙二醇再生塔顶出口安全阀根部手动球阀打开。

(10) 导通乙二醇贫液换热器前后手动球阀及乙二醇泵进出口阀，导通去露点装置乙二醇注入器的气动球阀，启泵。

(11) 设定乙二醇再生釜加热温度130℃，设定闪蒸罐排压调节阀的压力为0.4MPa。

(12) 待低温分离器富乙二醇水液位达标后开始向乙二醇回收装置进料，闪蒸罐的液位开始上升。

（13）闪蒸罐液位达到50%左右时，开启密封气阀门给闪蒸分离器加压，富乙二醇进入再生塔，再生塔底温度应保持130℃。

（14）手动调节泵出口回流量，维持塔釜及闪蒸罐液位。

（15）开车期间，每天化验乙二醇再生后的纯度，乙二醇泵的出口浓度85%，以保证生产安全。

2）乙二醇系统停用

（1）关闭进料阀门。

（2）将闪蒸罐液位压空至再生塔，关闭密封气进气阀。

（3）待再生塔温度在130℃维持几分钟后，停热媒炉。

（4）停乙二醇泵、关闭出口阀。

4. 热媒油炉操作

1）操作前准备

（1）确认热媒油炉系统各连接处有无泄漏、渗漏现象。

（2）确认热媒油炉系统膨胀罐液位在30%~50%之间，压力无报警。

（3）倒通热油循环流程：倒通导热油至计量分离器、生产分离器、低温分离器、乙二醇分离器、闭式排放罐的循环流程。

（4）中控室人员在上位机设定导热油循环压差200kPa。

（5）操作人员设定导热油温度100℃。

（6）操作人员先盘泵，之后将泵的运行控制开关打至自动位置，中控室给热媒油循环泵复位，启泵进行冷循环。

（7）倒通燃料气流程，确认进炉前燃料气压力为5kPa。

2）热媒油炉系统投用

（1）通知中控室准备点炉，得到中控室允许后启动。

（2）将点火钥匙打至点火，进入点火程序，炉子开始运行。

（3）按下列要求提升导热油温度，直至所需温度。

温度区间	升温速度
0~90℃	10℃/h
90~110℃	5℃/h
110~210℃	30℃/h
210~230℃	100℃/h

3）系统停机步骤

（1）将点火钥匙打至停机，进入停机程序，炉子停止加热。

（2）关闭燃料气流程。

（3）热媒油循环泵继续运行，进行冷循环。

（4）导热油温度低于60℃关闭导热油循环泵，停机步骤完成。

第二节　脱水装置维护及故障处理

一、脱水装置维护保养

为确保脱水装置、配套工艺及辅助设施的系统完整、可靠，技术性能状态良好，达到装置高效节能、安全、平稳、长周期运行的目的，要求脱水站员工必须做好设备的定期维护保养工作，及时处理随时发生的各种问题，改善设备的运行条件，从而保障其长时间正常工作，避免不应有的损失。

脱水装置维护保养主要包括脱水装置的日常维护和检修两部分。

（一）日常维护

运行中脱水装置的日常维护保养应遵循以下规定：

（1）脱水生产班组每周组织对工艺阀门进行一次清洁、注油、注脂、活动等维护保养，作业区每月对自控阀门进行一次检查保养，定期对工艺设备和管线进行除锈刷漆。确保设备操作灵活，无跑、冒、滴、漏现象发生，填写维护记录。

（2）按自动化控制技术管理相关规定进行自动化仪表维护、自动化计量仪表校验、工控计算机软件维护以及控制室除尘、除湿等维护保养工作，并做好记录。

（3）严格按厂家提供的使用说明书或根据实际情况编写的机泵维护保养制度定期进行甘醇泵、空气压缩机、空气干燥机、发电机、冷却水循环泵等机泵设备的维护保养工作。机泵设备、发电机等实行外委维护的工作内容要严格按照相关规定进行管理，实行维护工作量实时签认制度，严格控制维护质量。

（4）每月应对各脱水站进行一次全面的巡检维护，一是对工艺设备、自控系统、机泵设备进行全面的维护、检查，二是收集、处理脱水装置有关问题，并填写脱水装置检查维护记录。

（5）对长期处于停产状态（停产 3 个月以上）的三甘醇脱水装置，应采取以下措施：

① 安全停车、泄压，回收三甘醇，清洗设备和管线，更换过滤元件，对整套装置充氮保护。

② 按正常运行装置进行日常维护保养。

（6）对长期处于停产状态（停产 3 个月以上）的分子筛脱水装置，应采取以下措施：

① 按正常停车要求停车、泄压，把程序控制器停在停机时刻所处的位置，对整套装置充氮保护。

② 按正常运行装置进行日常维护保养。

（7）对长期处于停产状态（停产 3 个月以上）的 J-T 阀脱水装置，应采取以下措施：安全停车、泄压，回收乙二醇、清洗设备和管线，更换过滤元件，对整套装置充氮保护，按正常运行装置进行日常维护保养。

（二）检修

运行中脱水装置的检修应遵循以下规定：

(1) 脱水装置大修改造依据实际情况于当年上报第二年年度大修计划和大修方案。

(2) 脱水装置大修需考虑吸收塔、再生系统、灼烧炉等影响气量的大修工作，大修时考虑吸收塔检修与再生系统、灼烧炉检修进行同步进行，每套装置的检修时间不宜超过6d。脱水装置大修按照大修检修周期表进行年度安排，编写大修方案和组织相关材料的订购。

(3) 正常生产情况下，三甘醇脱水装置根据运行情况确定检修周期，大修内容应根据脱水装置的运行工况和存在问题来确定，主要内容如下：根据实际生产情况确定工艺、自控、机泵、设备、供配电等大修检维修内容，脱水装置大修严格按大修设计、脱水装置大修定型设计、大修方案等具体文件执行。

① 工艺部分大修主要内容。

a. 吸收塔。

用3%~4%$NaHCO_3$溶液及清水对吸收塔进行浸泡和清洗，打开吸收塔人孔盖，对塔盘拆卸、清洗，更换损坏部分；对塔内湿气、干气捕雾网清洗、检查，更换损坏部分；对塔壁进行内外对比定点测厚，检查塔内焊接、固定连接位置，查找潜在隐患。吸收塔塔盘的安装要满足《塔盘　技术条件》（JB/T 1205—2001）的技术要求，对塔盘充水试漏，充水后10min内液面下降高度不超过5mm。

b. 重沸器。

将重沸器火管拉出，清除火管外壁及容器内的污垢；对重沸器、焰火管进行壁厚定点检测，预测设备更换周期；清洗燃烧器火头、喷嘴，清掏烟道内的污物，对烟囱除锈刷高温漆。

c. 缓冲罐。

清除换热盘管和容器内的污垢，检查盘管的腐蚀情况，对盘管壁厚进行检测，对腐蚀严重的盘管进行更换。对缓冲罐外壁除锈刷高温漆。

d. 精馏柱。

清洗精馏柱填料，重新装填，检查换热盘管的腐蚀情况，对腐蚀严重的盘管更换；对精馏柱及盘管进行壁厚检测；装置大修时对再生气管线进行更换。

e. 甘醇管路。

用清水及3%~4%$NaHCO_3$溶液对甘醇管路及闪蒸罐进行清洗，直到进出口水的颜色一致及pH值为7视为合格。

f. 甘醇冷却系统。

对使用水作为冷却介质的装置，使用除垢剂对甘醇水冷系统进行清洗，对水箱防腐层检查，对破损处修补；对水冷换热盘管检查，更换腐蚀严重的盘管。对使用板式换热器进行冷却的装置，根据使用的板式换热器特点进行检修。

g. 灼烧炉。

清洗燃烧器火头、喷嘴，更换破损的燃烧器；更换炉内破损的集液盘；更换腐蚀或堵塞严重的再生气管线。

h. 对重沸器、重沸器焰火管、精馏柱、缓冲罐的壁厚及换热盘管的壁厚进行检测，做好检测数据记录，建好基础台账，并与上次测得值进行对比分析。

② 机泵部分大修内容及周期。

根据机泵使用说明书和维护手册，机泵设备连续运转一段时间后，设备部分零件磨损大，为了其稳定的运行需要进行定期的大修和调试，保证其正常运行。

甘醇循环泵、空压机、发电机、轴流风机、三剂加注泵根据实际情况解体大修、更换磨损严重的零部件（密封填料、阀、活塞、活塞环等）。

更换轴流风机损坏的轴承。

③ 自控部分大修内容和周期。

自控设备连续运转时间长，设备容易老化，为了其稳定的运行需要进行定期的大修和调试，保证其正常运行。自控部分的大修管理按《重庆气矿天然气自动化控制技术管理办法（暂行）》《外委维护管理办法》执行。

a. 气动阀门。

清洗并大修调校所有自控调节阀、轨道阀的阀芯、阀座、膜片、密封填料及阀杆部分，然后重新安装到位，对于损伤的应修复或更换。仪表安管路及附属阀门、电气转换器等更换损坏元件。

b. 重沸器、灼烧炉火焰监测控制系统。

更换损坏元件。

c. UPS、端子柜、PLC 及站控计算机系统。

更换损坏元件。

d. 装置的变送器、传感器。

更换损坏元件。

(4) 正常生产情况下，分子筛脱水装置根据实际生产情况进行大修安排，大修内容应根据脱水装置的运行工况和存在问题来确定，主要内容如下。

① 工艺部分大修主要内容。

a. 吸附塔。

更换分子筛，检查塔内保温层，修复损坏部分；检查床层支撑架，更换金属丝网及瓷球；检查进出管线等连接位置焊缝，检查、维护其他关键部位。

b. 加热炉。

检查加热炉内部盘管、检测盘管剩余壁厚，对加热炉内保温层检查、维修，检修点火、配风系统，检查、维护其他关键部位，测算热量利用率。

c. 再生气冷却器。

检查、清洗冷却系统，检查冷却器盘管，检测盘管剩余壁厚，对其他部分检查维护。

d. 再生气管路。

对再生气管路吹扫、清洗，检查连接处密封性，更换再生气管路上破损的保温层，检查管路上焊缝。

② 机泵部分大修内容及周期。

根据机泵使用说明书和维护手册，机泵设备连续运转一段时间后，设备部分零件磨损大，为了其稳定的运行需要进行定期的大修和调试，保证其正常运行。

空压机、轴流风机根据实际情况解体大修、更换磨损严重的零部件（密封填料、阀、活塞、活塞环等）。

更换轴流风机损坏的轴承。

③ 自控部分大修内容和周期。

自控设备连续运转时间长，设备容易老化，为了其稳定的运行需要进行定期的大修和调试，保证其正常运行。自控部分的大修管理按《重庆气矿天然气自动化控制技术管理办法（暂行）》执行。

a. 气动阀门。

清洗并大修调校所有自控调节阀、轨道阀的阀芯、阀座、膜片、密封填料及阀杆部分，然后重新安装到位，对于损伤的应修复或更换。仪表安管路及附属阀门、电气转换器等更换损坏元件。

b. 加热炉火焰监测控制系统。

更换损坏元件。

c. UPS、端子柜、PLC 及站控计算机系统。

更换损坏元件。

d. 装置的变送器、传感器。

更换损坏元件。

e. 装置液位计。

清洗液位计，更换损坏元件，重新调校零位。

④ 大修过程中根据装置的运行周期对吸附塔、再生气加热炉盘管、再生气管路等重点部位进行壁检测，并建好基础台账。

（5）正常生产情况下，J-T 阀脱水装置根据实际生产情况进行大修安排，大修内容应根据脱水装置的运行工况和存在问题来确定，主要内容如下。

① 工艺部分大修主要内容。

a. J-T 阀。

用 3%~4%$NaHCO_3$ 溶液及清水对 J-T 阀进行浸泡和清洗，打开 J-T 阀，对阀门的内部机构检查，更换损坏部分；查找潜在隐患。

b. 重沸器。

将重沸器火管拉出，清除火管外壁及容器内的污垢；对重沸器、导热油管进行壁厚定点检测，预测设备更换周期。

c. 缓冲罐。

清除换热盘管和容器内的污垢，检查盘管的腐蚀情况，对盘管壁厚进行检测，对腐蚀严重的盘管进行更换。对缓冲罐外壁除锈刷高温漆。

d. 提馏柱。

清洗提馏柱填料，重新装填，检查换热盘管的腐蚀情况，对腐蚀严重的盘管更换；对提馏柱及盘管进行壁厚检测；装置大修时对再生气管线进行更换。

e. 乙二醇管路。

用清水及3%~4%$NaHCO_3$溶液对乙二醇管路及闪蒸罐进行清洗，直到进出口水的颜色一致及pH值为7视为合格。

f. 对重沸器、重沸器导热油管、提馏柱、缓冲罐的壁厚及换热盘管的壁厚进行检测，做好检测数据记录，建好基础台账，并与上次测得值进行对比分析。

g. 热媒炉系统。

检测导热硅油成分进行检测，更换不合格导热硅油进行更换，或补充部分导热硅油。对加热系统进行检修，更换不合格的加热盘管。

② 机泵部分大修内容及周期。

根据机泵使用说明书和维护手册，机泵设备连续运转一段时间后，设备部分零件磨损大，为了其稳定的运行需要进行定期的大修和调试，保证其正常运行。

乙二醇循环泵、空压机、发电机、轴流风机、三剂加注泵、导热硅油循环泵。根据实际情况解体大修、更换磨损严重的零部件（密封填料、阀、活塞、活塞环等）。

更换轴流风机损坏的轴承。

③ 自控部分大修内容和周期。

自控设备连续运转时间长，设备容易老化，为了其稳定的运行需要进行定期的大修和调试，保证其正常运行。自控部分的大修管理按《天然气自动化控制技术管理办法（暂行）》《外委维护管理办法》执行。

a. 气动阀门。

清洗并大修调校所有自控调节阀、轨道阀的阀芯、阀座、膜片、密封填料及阀杆部分，然后重新安装到位，对于损伤的应修复或更换。仪表安管路及附属阀门、电气转换器等更换损坏元件。

b. 重沸器、导热油炉系统更换损坏元件。

c. UPS、端子柜、PLC及站控计算机系统更换损坏元件。

d. 装置的变送器、传感器更换损坏元件。

e. 装置液位计清洗液位计，更换损坏元件，重新调校零位。

脱水装置大修投产后进行装置的运行考核，确定装置的最佳运行参数。投产运行1个月内，编写脱水装置大修工作总结，内容包括大修组织、大修内容（主要更换部件、检维修设备）、大修后运行效果评价、建议等，并上报。

二、脱水装置常见故障与处理

目前西南油气田运行的天然气脱水装置，主要有三甘醇脱水装置、分子筛脱水装置和J-T阀脱水装置。本章针对这三种装置的常见故障进行分析，提出切实的处理办法。

（一）三甘醇脱水装置

1. 过滤分离器压差异常

原因：

（1）差压表故障；

（2）过滤分离器过滤段、分离段排污阀误操作造成连通；

（3）滤芯太脏；

（4）滤芯短路。

排除方法：

（1）检查导压管是否冻堵，平衡阀是否误开。

（2）检查分离器排污阀过滤段、分离段是否误开造成连通。

（3）打开过滤器检查单根滤芯是否密封，滤芯有无破损。对密封不严的滤芯重新安装，滤芯破损则更换。

（4）打开过滤器检查滤芯是否太脏，更换新滤芯。

2. 装置处理量异常

原因：

（1）计量装置故障；

（2）上游分离器或管线堵塞；

（3）排污、放空误开；

（4）上游来气波动。

排除方法：

（1）检查计量装置导压管是否堵塞、旁通阀是否误开，高孔阀是否正确安装了孔板。

（2）检查分离器和上游管线是否有污物堵塞了通道，或阀门误关。

（3）检查上游各级放空、排污是否误开。

（4）通过产量和压力监控曲线排查上游是否有异常。

3. 天然气携带甘醇量大

原因：

（1）甘醇品质不合格；

（2）气流速度过快；

（3）吸收塔液封破坏；

（4）吸收塔捕雾网损坏。

排除方法：

（1）取样检查甘醇品质是否变质发泡，变质则试验配比加阻泡剂。

（2）根据装置日处理量计划算出天然气在工作压力的流速，计算的流速与装置设计流速比较，过高则降低处理量或提高运行运行压力。

（3）查看装置处理量曲线，看是否存在气量波动较大的情况，如果有则压气对脱水装置吸收塔重新建液。

（4）天然气携带甘醇量大在排除以上情况后则可初步判定吸收塔捕雾网破坏，捕雾效率下降。

4. 天然气出站露点不达标

原因：

（1）天然气流速低，脱水深度不够；

（2）天然气入塔温度高；

（3）脱水装置处理超负荷；

（4）贫三甘醇浓度低；

（5）三甘醇循环量低；

（6）游离水进入脱水装置。

排除方法：

（1）根据装置日处理量计划算出天然气在工作压力的流速，计算的流速与装置设计流速比较，过低则提高运行运行压力或处理量。

（2）天然气温度高饱和含水量大，脱水负荷增加。天然气入塔温度控制在10~30℃。

（3）国产脱水装置处理量范围在设计处理量80%~120%，引进装置的处理量是设计处理量75%~125%。

（4）贫三甘醇浓度低，脱水深度不够，提高三甘醇再生温度（再生温度不超过204℃）或用汽提气再生法。

（5）每处理1m^3天然气需要6~7L/h甘醇，根据处理量合理调节甘醇循环量。

（6）检查分离，滤芯是否短路失效，加强分离器排液，防止翻塔。

5. 甘醇浓度异常

原因：

（1）再生温度低；

（2）重沸器超负荷；

（3）精馏柱温度低；

（4）换热盘管穿孔。

排除方法：

（1）检查重沸器燃料气压力是否正常，燃烧是否充分。

（2）检查脱水装置处理量是否超负荷；脱水装置前过滤分离器是否有由于来气中游离水过多，过滤分离器出现翻塔现象造成装置进水。

（3）检查再生器管线是否有堵塞。

（4）检查闪蒸罐液位、缓冲罐液位是否正常，判断换热盘管是否有穿孔。

（二）分子筛脱水装置

1. 过滤分离器压差突变

1）压差突变为零

原因：

（1）差压仪表有误；

（2）过滤分离器滤芯破裂短路；

（3）导压管或阀门泄漏或堵塞。

排除方法：

（1）查找仪表故障原因，及时汇报。

（2）打开过滤分离器旁通，切断上进出口阀，放空、置换、更换滤芯后恢复。

（3）检查导压管和阀门，对导压管进行吹扫。

2）压差增大，超高压差高限

原因：

（1）差压仪表有误。

（2）过滤分离器滤芯堵塞。

排除方法：

（1）查找仪表故障原因，及时汇报。

（2）打开过滤分离器旁通，切断上进出口阀，放空、置换、清洗或更换滤芯后恢复。

2. 干气露点不合格

原因：

（1）处理气量过高或过低。

（2）吸附塔操作条件差。

（3）分子筛未再生完全。

（4）原料气含水量升高。

（5）游离水进入吸附塔。

排除方法：

（1）调整装置处理气量。

（2）改变吸附塔操作条件。

（3）对分子筛进行再生。

（4）调整缩短装置切换周期。

（5）加强原料气分离器的分液和排液，停止进气或降低处理气量。

3. 再生分离器液位超高

原因：

（1）液位计或数据传输故障。

（2）自动排污调节阀故障。

（3）再生分离器液位设定值过高。

排除方法：

（1）与现场液位计对比确定液位的真实性，确定是由于仪表故障后汇报并配合处理。

（2）检查自动排污调节阀阀体、执行机构、仪表风压力。

（3）检查再生分离器液位设定值是否正常，若设定值过高则重新设定。

4. 加热炉异常停车

原因：

（1）紧急停车引起联锁造成熄火。

（2）炉膛温度超高、烟道温度超高、燃料气压力不足、再生气压差低低限或高高限报警，从而引起联锁，造成停车。

（3）燃料气电磁阀出现故障，虽通电而不能打开，使电磁阀关闭，造成断气熄火。

（4）人为误动作点火装置面板上的熄火按键。

（5）配风风机、循环风机故障，配风风门调节执行机构故障、循环风机调节风门故障。

（6）配风风机、循环风机供电故障，引起停车。

排除方法：

（1）查找原因，处理后按复位键恢复。

（2）检查是否真正存在温度超高和压差超低/超高现象，若是应采取措施处理；若不是则应检查电缆，找到断线的地方并重新接好。

（3）检修或更换电磁阀。

（4）有误操作，应重新点火恢复。

（5）检查风机电机、皮带、传动轴，风门调节执行机构，合理调节风门。

（6）检查风机供电线路，检查专用空气开关是否跳闸或故障。

5. 加热炉出口温度不能达到设定值

原因：

温度显示有误、超负荷，燃料气压力过低、配风不足等。

排除方法：

值班人员首先检查是否熄火，温度值是否真实，燃气压力是否偏低，控制阀是否能正常开启，风门调整是否合适，处理了相关的故障后，恢复生产。

6. 吸附塔再生出口温度不能达到设定值

原因：

温度显示有误、超负荷，加热炉出口温度低。

排除方法：

检查温度变送器及其线路，检查加热炉燃料气压力及调压装置是否工作正常，火焰燃烧是否正常，配风是否充足，风门开度是否正常。

7. 加热炉温度高限

原因：

温度显示有误、温度联锁故障、再生气翅状盘管泄漏爆炸等。

排除方法：

值班人员首先根据参考值和双金属温度计判断温度是否真实，检查温度控制阀手、自动状态和设定值是否正常，再生气是否循环，燃气压力是否超高，控制阀开关是否正常，旁通是否关闭，将燃气关小后，解决了相应的故障后恢复正常生产。

8. 脱水装置上游来气量突然增大超过设计处理量/突然大幅减少

原因：

（1）上游来气突然增加/减少。

（2）设备故障，背压调节阀故障。

（3）计量装置故障。

排除方法：

（1）立即汇报调度室，确认上游有无操作。

（2）检查现场流程和阀门开关状态是否正确。

（3）检查计量装置是否正常。

（三）J-T 阀脱水装置

乙二醇循环系统常规问题分析在乙二醇再生与加注系统运行过程中，还发现一些出现频率比较高的常规问题，主要有以下几种。

1. 乙二醇发泡

原因：

（1）乙二醇受到污染时容易发泡，由于天然气中含有的烃液、盐类、固体炭及容器内壁腐蚀的杂质等被乙二醇吸收后，形成活性物质而造成乙二醇发泡。

（2）在三相分离器中轻烃和乙二醇分离时由于分离时间短和操作温度低，造成分离效果不好而发泡。

2. 乙二醇浓度低

原因：

（1）再生塔底温度低，水不能有效地蒸发出来，造成提浓效果不好。

（2）乙二醇喷注量过大，造成乙二醇再生塔负荷大，影响再生效果，造成浓度低。

3. 乙二醇再生塔带压，甚至发生冲塔事故

原因：

（1）乙二醇塔顶温度过低，水蒸发不出去，再次冷凝下来，淹没塔的填料，使再生塔内充满液体，造成乙二醇再生塔带压，从而把乙二醇从塔顶随水蒸气带出，严重时造成喷塔。

（2）三相分离器乙二醇液位低，大量轻烃随乙二醇一起进入再生塔，造成喷塔。

（3）乙二醇闪蒸效果不好，大量轻烃闪蒸不出去，造成再生塔进料中轻烃含量高而带压，严重时喷塔。

4. 干气露点不合格

原因：

（1）原料气进气温度超高，脱水装置超负荷。

（2）J-T 阀操作条件差。

5. 天然气携带甘醇量大

原因：

（1）气流速度过快。

（2）低温分离器的填料中的除沫器损坏损坏。

三、脱水装置优化运行

重庆气矿从第一套脱水装置开始运行，至今各套脱水装置运行状况良好，但由于初期设计流程不够优化、设备选型不尽合理等，造成脱水装置运行成本上升、脱水运行不稳定等问题。针对脱水装置运行过程中存在的各种问题，对脱水装置实施了大量的技术改造，从而保证了脱水装置的高效运行。

（一）三甘醇脱水装置

1. 天然气过滤分离器优化

存在问题：天然气进吸收塔前的分离过滤由于其本身结构的限制，存在安装过程中端面密封易出现短路和更换滤芯盲板不易打开的问题。

优化措施：天然气过滤系统通过对滤芯改型、滤芯安装过程中加强端面密封后，将老分离器更换为 GD 盲板的新型分离器如图 5-1、图 5-2 所示。

图 5-1　滤芯改型、滤芯安装过程中加强端面密封

图 5-2　分离器更换为更易打开的 GD 盲板分离器

2. 甘醇冷却系统优化

存在问题：富甘醇在 200℃左右的重沸器内进行再生，再生后贫甘醇通过溢流进入缓冲罐与富液富液进行的热交换，出缓冲罐后温度在 80℃左右，还必须进行强制水冷降温，以控制进泵温度。在水冷却过程中将消耗水和电，增加了脱水装置的运行成本。

优化措施：用板式换热器替代水冷器。板式换热器主要利用贫富甘醇温差换热，替代了水冷器，板式换热器投用后几乎没有了水消耗和循环水泵的电消耗；板式换热器在换热的同时对富甘醇进行了一次加热，提高了富液进入重沸器的温度，降低了甘醇再生的燃料气消耗，板式换热器占地小，能有效节约空间，板式换热器由于是甘醇的热交换不存在水冷却造成的管线腐蚀等优点（图 5-3）。

图 5-3　AN76 型板式换热器现场安装

3. 甘醇循环泵缓冲包优化

存在问题：原脱水装置甘醇泵后缓冲包，结构为在其内安装的缓冲胶囊（或带 O 形密封圈的活塞）与缓冲包外壳形成的密闭空间，定期向胶囊内（活塞腔）注入 1/3～2/3 倍泵工作压力的氮气，以实现对甘醇泵脉冲波的缓冲。但由于缓冲包体积小，仅为 1～2L，缓冲效果差，且由于长期受交变应力的影响，胶囊或 O 形密封圈使用寿命短，泵脉冲引起的振动导致泵出口甘醇流量计、压力表损坏。

优化措施：在泵出口甘醇管路上增加缓冲罐，大大降低甘醇管路振动，泵出甘醇的脉冲压力波通过缓冲罐内甘醇液面的微小起伏被大大缓冲，甘醇均匀稳定地进入吸收塔。从使用效果看，压力表指针和甘醇流量计指针指示非常稳定，甘醇管路振动基本消除（图 5-4）。

图 5-4　TEG 减震缓冲罐

4. 甘醇循环泵加装变频器优化

存在问题：引进的Union电动柱塞泵本身无流量调节功能，为适应工况条件的变化，只能依靠泵出口甘醇回流旁通管路上的阀门进行手动调节。由于管路振动，调整好的甘醇循环量不能稳定，且无论将甘醇循环量调整为多大，泵的排量不变（为额定排量1.8m^3/h），电机转速及消耗的电能不变，泵活塞磨损严重、电能浪费。

优化措施：甘醇循环泵电机加变频系统，变频器（图5-5）通过改变电源的频率改变电源电压，达到控制电动机的转速实现流量的自动调节，减少了泵的振动和磨损，节约了电能。

图5-5　甘醇循环泵变频器

5. 精馏柱和缓冲罐盘管加旁通

由于精馏柱顶甘醇富液换热盘管未设旁通，精馏柱顶再生气温度无法调节。在精馏柱顶甘醇富液换热盘管增设旁通管线，实现人为控制精馏柱顶温度的目的。同样，缓冲罐盘管加装旁通控制以后，可以在出现盘管穿孔、泄漏等又无法停产情况下的短期非正常生产。

6. 换热盘管换用新材质

存在问题：原脱水装置缓冲罐、精馏柱换热盘管采用304SS材质，相当于1Cr18 Ni普通不锈钢材质，易发生晶间腐蚀。由于川东气田大部分是含硫酸性天然气，脱水装置处理时，甘醇pH值逐渐降低，加上Cl^-的作用，造成该材质的盘管容易发生化学腐蚀。

优化措施：脱水在大修中换用20号钢或00Cr17Ni14Mo2材质的盘管，使用效果理想，更换后尚未出现第二次穿孔现象（图5-6）。

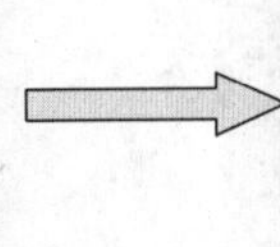

图5-6　换热盘管换用00Cr17Ni14Mo2材质

7. 尾气处理系统优化

存在问题：原脱水装置尾气处理是从重沸器和精馏柱顶出来的再生气经加了保温层的管线进入再生气分液罐，部分水蒸气和携带的少量甘醇冷凝出来，排放到气田水池，剩余的气体进入灼烧炉被燃烧掉。由于再生气冷凝中含硫化氢和甘醇降解产物，直接排入气田水池，散发出难闻的气味，造成环境污染，对人体伤害很大。

优化措施：取消原装置再生气分液罐及其至灼烧炉间的管线，重新架设精馏柱顶部至灼烧炉的再生气管线，并对再生气管线伴热和保温，利用精馏柱顶旁通控制精馏柱顶部温度，确保再生气以气态进入灼烧炉。闪蒸气不再经过燃料气分液罐，直接进入灼烧炉中部参与燃烧，延长灼烧炉主火伸入炉内的深度，保证灼烧炉的稳定燃烧和对再生气的充分处理。

尾气处理系统改造后，装置运行正常，各项消耗指标合格，装置无冷凝液排除，消除了冷凝液排放造成的环境污染。

8. 过滤分离器排污优化

如图5-7所示，改造前的排污流程若操作不当，就有可能造成过滤分离器"短路"，同时由于选用强制密封球阀作为排污阀，极易使阀门内漏；经改造使过滤分离器两段分别排污且采用"球阀+阀套式排污阀"结构的双阀控制，较好地解决了上述问题。

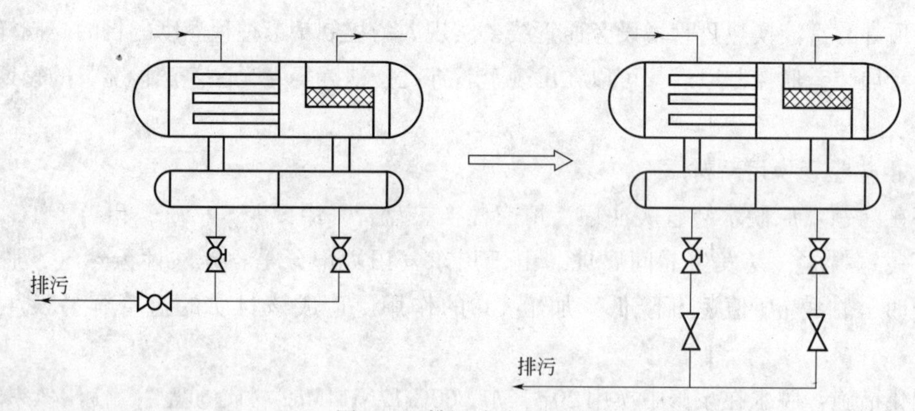

图5-7　排污改造原理图

9. 三剂注入系统改造

由于以前装置的三剂注入方式为自力式平衡罐加注，不能很好地控制三剂的加注量和加注速度，三剂加注不均匀，pH值等调节困难。将其改造成计量柱塞泵加注，保证了甘醇pH值调节等甘醇品质的正常维护工作。

10. 仪表风系统改造

1）空压机的改造

将装置上原有故障率较高的无油润滑空气压缩机、螺杆式空气压缩机更换为滑片式空气压缩机。同时参照滑片式空压机的启停控制方式，选用压力开关对引进活塞式空压机（QUINCY325）进行改造，使其"低限自动开机、高限自动停机"，实现了空压机运行故障率最低、节能、噪声小、维护简单的目标。

2）压缩空气干燥机的改造

装置原有的无热再生式干燥器由于其干燥剂再生频繁，且要靠干燥后仪表风，导致仪表风损失大，空压机一直不能停下，造成能量的损失，将其更换为冷冻式干燥机减少了仪表风的浪费，改善了仪表风质量，同时节约了电能。

11. 重沸器、灼烧炉燃烧系统改造

1）电子点火及火焰监测装置的改造

脱水置的重沸器、灼烧炉的电子点火装置在投运后不久就出现故障，使重沸器和灼烧炉只能进行人工点火，增加了操作的不安全因素；同时重沸器的原火焰监测仪的安装位置不合理，误报警多，无法正常监测火焰等，重沸器熄火不能及时发现，从而影响甘醇的正常再生。

将点火器更换为HD-2高能点火器、高压点火线，以及安装引火燃烧器和相应的燃料气管线，并将原火焰监测仪安装位置改在炉膛挡板，并重新选型为ZK-200型火焰监测仪，很好地解决了上述问题。

2）燃料气流量计的改造

重沸器、灼烧炉原有燃料气计量为腰轮流量计，在投用不久后就出现故障无法计量。大修中更换为智能旋进漩涡流量计，从而使其的耗气得到控制，较为准确地掌握重沸器和灼烧炉的能耗，并有利于掌握重沸器的热负荷及热效率的变化情况，初步判断其内部火管结垢（外壁）和积炭（内壁）的情况。

12. 液位计改造

脱水装置上吸收塔和闪蒸罐液位是需要自动控制的，原橇装装置上该部分的液位检测均为浮筒液位计，但浮筒液位计内有机械活动部件，容易被杂质卡死形成“假液位”，导致液位控制失灵，从而产生安全隐患。在大修中将这些控制环节上的浮筒液位计，更换为雷达液位计，较好地解决了吸收塔和闪蒸罐液位的控制问题。

（二）J-T 阀脱水装置

1. 降低乙二醇的消耗量

（1）仪表自动化维护人员，加强液位计排污，确保液位指示准确。

（2）投运回流泵，便于塔顶温度的控制。

（3）加密取样化验，便于及时调控参数（再生塔的温度调整）。

2. 适当降低乙二醇的浓度

再生后的乙二醇的浓度在87%~89%（质量分数），高于设计的浓度（85%），建议适当地降低。可以通过适当降低乙二醇再生塔底的操作温度，适当地降低乙二醇贫液的浓度，使乙二醇的性能最优且使得乙二醇始终保持其在非结晶区。

3. 严格控制操作参数

在生产中要严格控制好三相分离器混合腔液位，否则其油腔将携带走大量的乙二醇，造成耗量增大；严格控制好再生塔顶温度，否则会影响再生塔提浓效果；严格控制好再生塔底温度，否则会影响再生塔顶的温度；严格控制好再生塔顶回流罐的流量和液位，否则会影响再生塔的温度梯度；控制好再生塔的进料，使其流量尽量平稳，进而保证再生塔的平稳。

第三节 案例——脱水装置吸收塔升气帽积液盘渗漏故障

一、简介

某站脱水站主要承担上游气田部分来气进行脱水，引进加拿大的 PROPAK $80\times10^4 m^3/d$ 脱水装置一台。气田来气经增压站增压后，进入脱水站脱水，脱水后的干气进入下游管网。基本情况见表 5-2 和表 5-3。

表 5-2 脱水站脱水装置基本运行情况表

装置规格型号	设计处理能力	实际处理量	运行压力
PROPAK $80\times10^4 m^3/d$	$80\times10^4 m^3/d$	约 $28\times10^4 m^3/d$	约 4.2MPa

表 5-3 脱水站吸收塔基本情况表

设备名称	规格型号	生产厂家	出厂日期
吸收塔	1219 I/D×9144 S/S	PROPAK	1999 年

二、吸收塔升气帽积液盘渗漏经过

脱水站脱水装置于 2013 年 9 月 11 日 14 点 42 分完成检修并恢复生产，脱水装置运行正常，处理气量约 $17\times10^4 m^3/d$。14 点 59 分，将上游来气经过增压站增压后进入脱水装置，处理气量约 $32\times10^4 m^3/d$。15 点 00 分，脱水装置缓冲罐甘醇液位开始出现非正常持续下降，与此同时，吸收塔重力段液位上升。经现场多次流程核实、确认，故障原因分析，初步判断为吸收塔升气帽出现裂纹，导致甘醇从升气帽直接滴漏至吸收塔重力段。

该脱水装置停产，对吸收塔进行故障处理。开塔后发现吸收塔升气帽底部积液盘焊缝处及焊缝边缘出现多处穿孔及裂纹（图 5-8）。

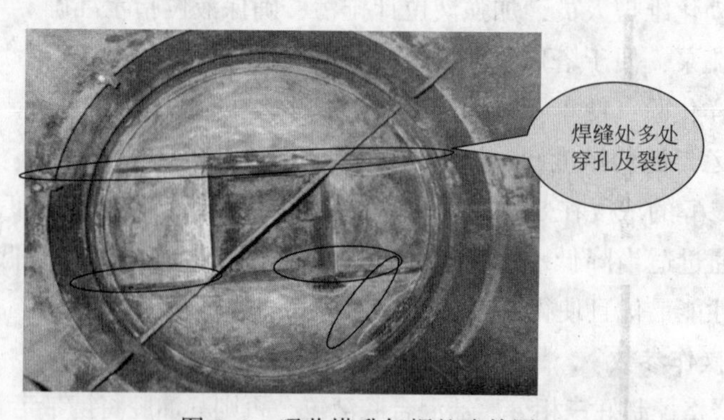

图 5-8 吸收塔升气帽整改前图

后经开塔检修对升气帽积液盘穿孔和裂纹处进行修复，完成吸收塔升气帽积液盘渗漏整改工作，脱水装置恢复正常运行（图 5-9）。

图 5-9　吸收塔升气帽整改后图

三、原因分析

直接原因：来气瞬时流量增大，处理气量在约 20s 内从约 $18\times10^4m^3/d$ 上升至约 $40\times10^4m^3/d$（图 5-10、图 5-11），瞬时流量变化带来的冲击力造成了吸收塔升气帽出现穿孔、裂纹。

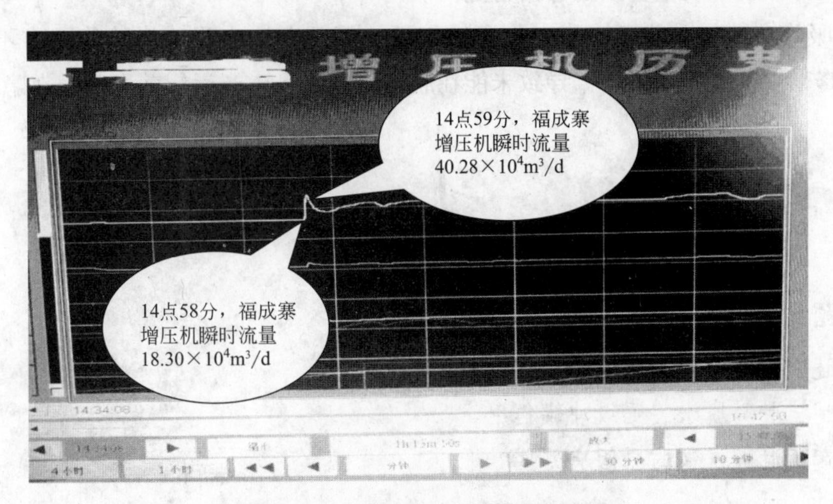

图 5-10　上游增压站瞬时流量趋势图

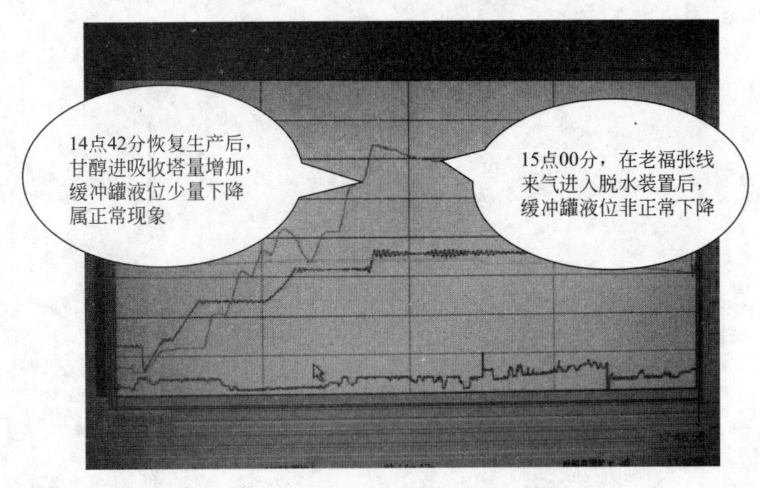

图 5-11　脱水站缓冲罐液位趋势图

间接原因：

（1）吸收塔升气帽整体材质为碳钢，该脱水装置于2000年12月投产，运行时间较长，处理来气受化排、增压等辅助生产措施的影响气质较差，导致升气帽出现不同程度的腐蚀及坑蚀现象，壁厚减薄，在焊缝处及焊缝边缘出现了穿孔及裂纹。

（2）脱水站流程的特殊性。

① 该脱水站与上游增压站距离较近，管线距离不足100m，增压机组的启停机所带来的处理气量变化对吸收塔升气帽的影响比较明显；同时增压机组的脉冲振动对脱水装置零部件存在一定影响。

② 大部分脱水装置在检修完成后，进行置换、升压验漏、打开背压调节阀，装置恢复生产，全过程操作平稳，处理气量缓慢控制，吸收塔升气帽受到的冲击力较小。而该站脱水装置在检修完成后，首先将气田约$17\times10^4m^3/d$原料气导入脱水装置，脱水站恢复正常生产流程；然后倒换流程，加载增压机组将上游约$11\times10^4m^3/d$来气导入脱水装置。故来气进入脱水装置时，不能得到平稳、缓慢控制，加之管线距离较短，导脱水装置吸收塔升气帽比大部分脱水装置受到的冲击力更大。

③ 对吸收塔升气帽现场检修工作不够细致，管理办法中吸收塔检修要求不够全面，升气帽检修工作重视程度不够，导致未能在脱水装置投入生产运行前发现潜在隐患。

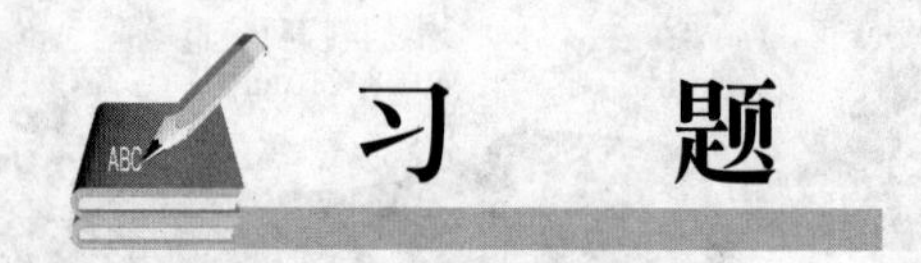

习　题

简答题

1. 简述三甘醇脱水装置开车的检查内容。
2. 简述三甘醇脱水装置缓冲罐作用。
3. 引起三甘醇发泡的原因有哪些？

参 考 文 献

[1] 苗承武，江士昂，等．油气田集输设计手册．北京：石油工业出版社，1994.

[2] 李士伦，等．天然气工程．北京：石油工业出版社，2000.

[3] 曾自强，张育芳，等．天然气集输工程．北京：石油工业出版社，2001.

[4] SY/T 0602—2005. 甘醇型天然气脱水装置规范．

[5] SY/T 0076—2008. 天然气脱水设计规范．